U0612341

情商高的女人受欢迎

潘鸿生◎编著

北京工业大学出版社

图书在版编目（CIP）数据

情商高的女人受欢迎／潘鸿生编著. —北京：北京工业大学出版社，2017.3（2022.3 重印）
ISBN 978-7-5639-5050-8

Ⅰ. ①情…　Ⅱ. ①潘…　Ⅲ. ①女性－情商－通俗读物　Ⅳ. ①B842.6-49

中国版本图书馆 CIP 数据核字 (2016) 第 289759 号

情商高的女人受欢迎

编　　著：潘鸿生

责任编辑：付春怡

封面设计：胡椒书衣

出版发行：北京工业大学出版社

　　　　　（北京市朝阳区平乐园 100 号　邮编：100124）

　　　　　010-67391722（传真）　　bgdcbs@sina.com

经销单位：全国各地新华书店

承印单位：唐山市铭诚印刷有限公司

开　　本：787 毫米 ×1092 毫米　1/16

印　　张：14

字　　数：165 千字

版　　次：2017 年 3 月第 1 版

印　　次：2022 年 3 月第 3 次印刷

标准书号：ISBN 978-7-5639-5050-8

定　　价：39.80 元

版权所有　翻印必究

（如发现印装质量问题，请寄本社发行部调换 010-67391106）

前　言

　　无论是在工作、生活中，还是在商界、政界中，一个拥有高情商的女人都是具有非凡魅力的，这种魅力足以让她吸引更多人的注意，从众人中脱颖而出。可以说，情商是一种无形的智慧，它让女人变得充满魅力。

　　人们常说，女人可以撑起半边天。当今社会的女人，不仅要面对不可预测而又多变的社会环境，同时还要承担来自家庭的压力，接受来自公司同事和其他对手的竞争和挑战等，可谓异常辛苦。女人想要过得更好，想要比别人幸福、快乐，就要竭尽全力在人生中摸爬滚打，努力拼搏。但是聪明的女人从来不需要硬拼，因为她们知道想要过得逍遥自在、快乐幸福，要拼智商，更要拼情商！女人们只有培养好自己的情商，才能发挥自身的优势，达到事半功倍的效果。

　　情商是女人重要的生存能力和技巧，是一种发掘情感潜能、运用情感能力影响生活各个层面和人生走向的最为关键的因素之一。女人的情商越高，社交能力越强，人际关系越融洽，收获的幸福感也越强。

情商高的女人受欢迎

在女人成功的道路上，很多时候情商比智商起着更重要的作用。有人总结出这样一个公式：成功=20%智商+80%情商。这也就是说，情商比智商更重要。对于女人而言，智商可以让女人成功，而情商不仅能让女人成功，而且更能让女人幸福。可以说，情商是女人获得幸福最为重要的资本。高情商的女人能在纷繁的社会中游刃有余，无论在职场、社交场合、情场、家庭中都能收获属于自己的成功与快乐。现在，我们来看一看为什么情商高的女人比情商低的女人更容易受欢迎。

情商高的女人凡事全力以赴，而情商低的女人则容易半途而废；

情商高的女人做事从不拖延，而情商低的女人则靠心情好坏来做事；

情商高的女人拥有积极乐观的心态，情商低的女人则消极悲观；

情商高的女人锲而不舍地努力奋斗，而情商低的女人则认为成功是因为运气好。

……

如果你觉得自己不够聪明，没关系，你完全可以依靠高情商去争取成功。即便你现在的情商不高也没关系，你也完全可以通过后天的修炼来不断提高自己的情商。只要你能成为一个高情商的女人，那么你就等于拥有了成功的资本。

本书诠释了情商对于女人幸福的意义，将最有效的情商提升秘诀一一鲜活地展现开来，教会女人调整心态和情绪、提高自身修养、从容地为人处世，从而让生活达到完美的平衡，成就女人绚丽美好的人生。

目 录

第一章 认识自我：化茧成蝶，做最优秀的女人

第五章　爱之真谛：
　　　　恋爱情商，为你揭开爱情的美丽面纱

第六章　婚姻生活：
　　　　任性只适合热恋，婚姻必须懂得妥协

第七章　管理财富：学会投资理财，经营幸福人生

第八章　正视弱点：改变自己，女人需要成长

第一章　认识自我：
化茧成蝶，做最优秀的女人

自信的女人比漂亮的女人更有魅力

自信是女人魅力的体现，也是女人幸福的资本。古龙说过一句话："自信是女人最好的装饰品。一个没有信心、没有希望的女人，就算她长得不难看，也绝不会有那种令人心动的吸引力。"自信对女人的重要性可见一斑。自信的女人最有魅力，因为相信自己，别人才会被吸引。

2003年的环球小姐吴薇，单从外表来看，普通得就像一个邻家女孩。但吴薇属于那种非常耐看而且越接触感觉越好的女孩。她淑女式的微笑后面裹挟着无比的镇定和自信，在不同场合都用真诚的眼神和话语回答着不同的问题，没有一丝拘谨。她的美丽来自她的自信、她的聪慧、她的踏实和平静。

吴薇在参加环球小姐比赛之前，只是一家银行的普通职员。后来多次参加选美比赛，均以卓尔不群、古典亲和的气质让评委和现场观众赞叹不已，先后获得世界福清小姐大赛的第三名和石狮形象小姐冠军。

女孩子去参加选美，多少会受到身边人的不解和非议，但吴薇认为："选美本身并没有错，它可以把美和爱带给世界上每一个人。而且参加选美对于一个女孩子来说也是一种锻炼的过程，比如像我以前如果面对大场面可能会害怕，但是现在不会了，通过这样的大赛，我

成熟了。"

吴薇第一次参加选美比赛，由于经验不足，决赛时败下阵来。不过，这个第一次无疑对吴薇的心理承受能力是一个很好的考验，也为她日后奠定了良好的参赛基础。2003年4月，环球小姐中国赛区的比赛在济南举行。

23岁的吴薇抱着"最后一搏"的心态再次出发。"当时我想不管结果如何，中国小姐的选拔都是我最后一次参加比赛，我希望趁自己有比较好的状态，去见识一下五湖四海的女孩。"吴薇注重的是参与的过程而不是结果，所以尽管在分赛区的比赛中，她只得了第4名，还是积极地参与到总决赛的培训中，把自己最好的精神风貌带到总决赛。这次，吴薇笑到了最后，把中国环球小姐的桂冠紧紧握在自己手中。有人问到吴薇夺冠的最大优势是什么，她笑着说："自信是对美丽最好的表现。其实我始终都认为自己是个平常人。环球小姐的比赛就是为我这样的普通女孩准备的，每个自信的女孩都能站到这个舞台上来，我得了奖，是我刚好得到了一次机遇。"

吴薇在摘得环球小姐桂冠不久，就有很多影视制作公司向她伸出橄榄枝，美国的一位华裔导演也有意让她参演一部电影，但都被吴薇拒绝了。

吴薇很珍惜银行里的工作。她说："我觉得那里是最适合我的地方。明星的光彩毕竟只是一时的，而职业的美丽才是永远的。"别看她只有二十几岁，却已经是行里最年轻的副经理了。她认为一个人只要相信自己的能力不比别人弱，带着自信的笑容和充满自信的眼光看待每一件事、每一个人，并学会宽容，就可以在工作中游刃有余。

无疑，吴薇就是一个有魅力的自信女人，她有让人羡慕的工作，有环球小姐的美称，所有这一切都是靠她的自信得来的。所以，任何一个女人不要怀疑自己不美丽，自信就是女人的魅力。自信的女人是一幅令人赏心悦目的旖旎画卷，既有迷人的风韵，又有惊人的魄力。对这样的女人而言，人生不是等待而是创造，命运从来都掌握在自己手中。因而，在逐梦人生、实现自我的竞技场上，她们善于进行自我推销、自我表现，赢得人生机遇的概率远远超过常人。

一个女人美丽与否，不是因为外在的容貌，关键是她的心中有没有自信。自信的女人，不一定天姿国色，不一定闭月羞花，甚至可能相貌平平，但是由于那份自信，她们瞬间便变得光彩照人，变得淡雅高贵，因而，无论在哪个场合，她们都是最耀眼的焦点，而且永远不会因为容颜的衰老而失去自己的魅力。

有一个叫丽萨的女孩，总是自怨自艾，认定自己的理想永远实现不了。她的理想其实就是每一位妙龄女郎的理想：跟意中人——一位潇洒的白马王子结婚，白头偕老。丽萨整天梦想着，周围的姑娘们先后成家了，她却成了大龄女青年，她认为自己的梦想永远不可能实现了。

丽萨的家人非常担忧，于是她们劝说她去寻求心理学家的帮助。丽萨与心理学家握手的时候，她那冰凉的手指、凄怨的眼神、如同坟墓中飘出的声音和苍白憔悴的面孔，都在向心理学家诉说："我是没有希望的，你有什么办法吗？"

心理学家沉思良久，然后说道："丽萨，我想请你帮我一个忙，我真的很需要你的帮忙，可以吗？"

丽萨迷惑地点了点头。

"是这样的，我要在星期二开个家庭聚会，但我妻子一个人忙不过来,你来帮我招呼客人,好吗?明天一早,你先去买一套新衣服,不过你不要自己挑,你只问店员,按她的主意买。然后去做个发型,同样按理发师的意见办,听好心人的意见是有益的。"

接着,心理学家说:"到我家来的客人很多,但互相认识的人不多,你要帮我主动去招呼客人,就说是代表我欢迎他们,要注意帮助他们,特别是那些显得孤单的人。我需要你帮助我照料每一个客人,好吗?"

丽萨说:"我怕我做不好。"

心理学家又鼓励她说:"没关系,其实很简单。比如说,看谁没咖啡,就端一杯给他,要是太闷热了,就开开窗户什么的。"丽萨终于同意试一试。

星期二这天,丽萨发型得体,衣着合身,来参加聚会。按照心理学家的要求,她尽心尽力,只想着帮助别人。她眼神活泼,笑容可掬,完全忘掉了自己的心事,成了晚会上最受欢迎的人。晚会结束后,有三位男青年都提出要送她回家。

过了一个星期又一个星期,三位男青年热烈地追求丽萨,她最终答应了其中一位的求婚。心理学家作为被邀请的贵宾,参加了他们的婚礼。望着幸福的新娘,人们说心理学家创造了一个奇迹。

从丽萨的经历中我们可以看到:一个女人美丽与否,不是因为外在的容貌,关键是看她的心中有没有自信。容貌是天生的,而自信是后天培养出来的,是在孜孜不倦地追求生命的最高质量和境界的过程中,用内在的灵感和魅力去拥抱和欣赏自己的生活而自然形成的。不论在什么场合,一个女人如果能谈笑风生,落落大方,衣着得体,动作恰到好处,一定能在众多美女中脱颖而出,成为人们眼里的一道风景线。

第一章　认识自我：化茧成蝶，做最优秀的女人

对女人来说，自信不是任性，不是自作聪明，也不是自以为是，而是对自我能力、自我价值的积极肯定。自信让女人既不会盲目自卑，更不会盲目自大。自信的女人光彩照人，灿烂的笑里会有一股高贵的气息，让人仰慕的同时又有些敬畏。自信的女人就像一缕春风，给别人带来轻松愉悦。

以下是帮助女性朋友建立自信的几种方法：

1.正确看待自己的优缺点

信心不足的人总能看到自己的缺点，而很少看到自己的优点。他们总喜欢用自己的缺点与别人的长处相比较，常常导致情绪低落，自信心缺乏。其实，我们不需要为自己的不足而整天自责，而要相信"天生我材必有用"，即使在自己因失败而陷入自责时，也请你提醒自己，换一个角度看问题，把它变成正能量。心理学家告诉我们，做自己的伯乐，善于发现自己的优点，及时激励自己，你的自信心一定会大增。

2.睁大眼睛，正视别人

不敢正视别人，意味着自卑、胆怯、恐惧；躲避别人的眼神则反折射出阴暗、不坦荡的心态。正视别人等于告诉对方："我是诚实的、光明正大的，我非常尊重你。"因此，正视别人，是积极心态的反映，是自信的象征，更是个人魅力的展示。

3.学会自我激励

人的自信是一种内在的东西，需要由你自己来把握和证实。所以，在建立自信的过程中，一定要学会自我激励。自我激励，就是要给自己一个习惯性的正面观念。别人能行，相信自己也能行；其他人能做到的事，相信自己也能做到。平时要经常激励自己："我行，我能行，我一定能行。""我是最好的，我是最棒的。"特别是遇到困难时要反复激励和告诫自己。这样，你就会通过积极的自我暗示机制，鼓舞自己的斗志，增强

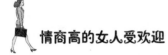

心灵的力量，使自己逐渐树立起自信心。

4.不轻易放弃

信心是在不断的努力、不断的进步中逐步建立的，中途放弃、半途而废，是造成缺乏自信的重要原因。所以，凡是我们认为应该做而且已经着手做的事情，就不要轻言放弃。

5.提升自己的外在形象

俗话说"人靠衣着马靠鞍"，一身得体的衣着，是你建立自信的基础。例如，一袭长裙会使得一位女士举手投足都显得美丽、迷人。因此，漂亮的仪表能够让你得到别人的夸奖和好评，展现你的精神风貌，提高你的自信心。所以，女性朋友平时要学会多关注自己的仪表，保持发型美观，衣着整洁大方。当你的仪表得到别人的夸赞时，你的自信心也会油然而生。

即使才高八斗，也不要任性妄为

在生活中，如果你被称作知性女人，可以说是你作为女人的成功和骄傲。这也是许多成熟女人所追求的完美境界。的确，历经岁月的磨砺，知性女人已褪去年少轻狂，变得平和而内敛。然而有些女人虽有才气，但恃才傲物，任性妄为，这必然会遭到他人鄙视，影响自身发展。

芸丽是一个精明能干的人。她很早就参加了工作，博览群书，学识渊博，在大家眼中是个公认的才女。可是，她常常恃才自傲，动辄与人发生纠纷，平时又极爱炫耀自己。同事们对她极为反感，认为她自以为是，过于固执。

去年，芸丽被调往某科。刚到那里时，她还比较服从管理，工作认认真真，业绩也很不错，很快就登上了主任的位置。这时，她开始目中无人，经常嘲讽自己的上司，认为上司没有什么能力，思想僵化，不懂得创新。

有一次，芸丽认为一项具体工作的流程应该改进，就向上司表达了一下自己的看法，但没有受到重视，上司反而认为她多管闲事。她一气之下就私自违反工作流程，按自己的想法做了。上司发现之后批评了她，可她对上司的批评置若罔闻，不但不改，反而认为上司有私心，就和上司争执起来。她认为像自己这样才华横溢的人得不到重用真是冤枉，所以出口伤人，丝毫不肯退让。结果可想而知，这个上司向老板告了一状，说她恃才傲物，不服从管理。不久，芸丽就被单位解雇了。

有才却任性，早晚必吃亏。诚然，才华有助于一个人成就事业、创造辉煌。但是如果你不能完全控制它，它有时会拖累你的一生，甚至毁掉你的事业。不谦虚、恃才傲物的女人总喜欢把自己的意志强加在别人头上，认为别人都应该佩服并听从她的看法或意见，不容别人稍有违背，总认为自己聪明而别人愚笨。这样的女人只关心个人的需要，在人际交往中表现得也很自负。她们高兴时海阔天空，不高兴时则不分场合乱发脾气，全然不考虑别人的情绪。她们凡事只以自己为中心，总认为自己是最杰出的人物，瞧不起"我"之外的所有人。她们往往固执地坚信自己的经验和意见，从不轻易改变态度。在我们的工作和生活中，这样的人并不少见。她们之所以如此，就是因为缺乏开阔的心胸和谦虚谨慎的心态。那些真正有学识、有修养的大家，从来不会在别人面前过分地表现自己过人的一面，总是非常谦虚、平和。所以说，恃才傲物是做人的大忌。无论多么才华横溢的女人，也得保持一种低调，不然，会让人们厌恶的。

薇薇毕业于北京某著名学府，现就职于一家公关公司。因为个人能力很强，她成为公司的得力干将，她主持策划的几套企业方案为公司带来了很大的社会效益，一些中小企业常常请她帮忙做些形象策划，并付给她丰厚的报酬。按常理来说，以薇薇的资历和能力，她早该升为部门主管了，可到如今她还是个普通职员。在她眼里，公司里的人都是一些无能之辈，张三李四成了她评说的对象，王五赵六也不是她的对手，就连公司的老总她也不放在眼里，整天一副扬扬得意、高高在上的样子。由于她的工作能力强，公司领导也想提拔她，可一到考核时，同事们都说和她不好共事，并不表示不愿到她所负责的部门做事。就这样，薇薇成了"孤家寡人"，而老总们一谈到她，也总是无可奈何地摇头说："她就是恃才傲物，个性太强了。"

一个女人有才华是一种好事，但如果把才华当作傲人的资本就不能说是一件好事了。正如人们极其讨厌那些爱炫耀的人一样，恃才傲物的女人也会被人所厌弃。

俗话说，枪打出头鸟。有才就任性，这会让自己成为众矢之的。一个人如果太突出太优秀，让多数人显得平庸，本身就很容易遭人嫉妒或暗算。如果再不谨言慎行，而是恃才傲物，张扬行事，往往会面临危险的境地。所以，聪明的女人会放下自己的任性，正确看待的自己的才气，摆正自己的位置，低调做人。如果狂妄自大、目空一切，终究会落得个惨淡的收场。对那些既有才华又有美貌的女人来说，尤其如此。

不要随波逐流，每一朵花都有独特的芳香

世上没有完全相同的两片树叶，也没有完全相同的两个人。任何人都是独一无二的，有着无法取代的独特性，我们没必要盲目地模仿别人，而应时刻保持自我本色，做最好的自己。俗话说，性格决定命运。女人只有保持自己的个性，不人云亦云、随波逐流，才能在竞争激烈的社会中有所作为，这也是成功女人的必经之路。

个性是一个女人美丽的资本，如果一个女人失去了个性，即使她有沉鱼落雁之容、闭月羞花之貌，也只能成为人们眼中的花瓶，就像一壶泡了很久的茶，让人觉得索然无味。

真正的美丽体现在个性上，有了与众不同的个性才能展示一个真正的自我。你就是你，你不是别人，别人也不会成为你。女人如果天生丽质，往往很有吸引力，然而，真正能够长时间地吸引别人的却是个性。

蜚声世界影坛的意大利著名电影明星索菲亚·罗兰能够成为令世人瞩目的超级影星，是和她对自己价值的肯定以及她的自信心分不开的。

为了生存以及对电影事业的热爱，16岁的索菲亚·罗兰来到了罗马，想在这里涉足电影界。没想到，她第一次试镜就失败了，所有的摄影师都说她够不上美人标准，都抱怨她的鼻子和臀部不好看。没办法，导演卡洛·庞蒂只好把她叫到办公室，建议她把臀部削减一点

儿，把鼻子缩短一点儿。一般情况下，许多演员都对导演言听计从。可是，小小年纪的索菲亚·罗兰却非常有勇气和主见，拒绝了对方的要求。她说："我当然懂得因为我的外形跟已经成名的那些女演员颇有不同，她们都相貌出众，五官端正，而我却不是这样。我的脸毛病太多，但这些毛病加在一起反而会更有魅力。如果我的鼻子上有一个肿块，我会毫不犹豫地把它除掉。但是，说我的鼻子太长，那是没有道理的，因为我知道，鼻子是脸的主要部分，它使脸具有特点。我喜欢我的鼻子和脸的本来的样子。我的脸确实与众不同，但是我为什么要长得跟别人一样呢？我要保持我的本色，我什么也不愿改变。我愿意保持我的本来面目。"

正是由于索菲亚·罗兰的坚持，导演卡洛·庞蒂重新审视并真正认识了索菲亚·罗兰，开始了解她并且欣赏她。

索菲亚·罗兰没有对摄影师们的话言听计从，没有为迎合别人而放弃自己的个性，没有因为别人而丧失信心，所以她才可以在电影中充分展示她的与众不同的美。她的独特外貌和热情、开朗、奔放的气质开始得到人们的认可。后来，她主演的《两妇人》获得巨大成功，她因此而荣获奥斯卡最佳女演员奖。

每个人都是独立的自我，与其花过多的时间、精力去学习别人，不如找出自己的所能、所长去尽量发挥，这样所得一定比学习别人多。丹麦哲学家基尔凯曾说过："一个人最糟的是不能成为自己，并且在身体与心灵中保持自我。"成功者走过的路，通常都不适合其他人跟着走。在每个成功者的背后，都有自己独特的、不能为别人所仿效和重复的经历。与其一味地模仿别人，还不如充分利用自己的优势，让别人来羡慕你。保持自己的本色，顺其自然地充分地发展自己是最明智的。

第一章 认识自我： 化茧成蝶，做最优秀的女人

在20世纪50年代的美国，有一位非常受欢迎的广播节目主持人，她刚走上社会的时候选择当一个影视演员，因为她认为这样可以让很多人喜欢上她。可她怎么演都演不好，只能停留在一个龙套的级别上。后来她的导演问她："你从小的梦想是什么？"

"小时候我想当个广播节目主持人。"

"那你为什么选择来演戏？"

"我认为这样更能受到大家的欢迎。"

"不，孩子，你错了。当一名广播节目主持人同样可以受到大家的欢迎。"

她听了导演的教诲，决定保持自己的本色，去做一名广播节目主持人，结果她成了纽约当时最受欢迎的广播明星。

美国发明家爱迪生说过："羡慕就是无知，模仿就是自杀。不论好坏，你必须保持本色。虽然广大的宇宙之间充满了好东西，可是除非你耕作一块属于自己的田地，否则绝对没有好的收成。"盲从他人、过分地仿效他人，都是对天赋的埋葬，是对意志的抹杀和对个性的泯灭。正如齐白石先生所说："学我者生，似我者死。"走不出前人的框架，自然也就不会有自己的天地。成功没有固定的模式，一个人一味地模仿别人不可能取得大的成就，甚至会失去自己本来的优势。

不要模仿他人，要做最真实的自己。每一个女人都应庆幸自己是世上独一无二的人，应该将自己的禀赋充分地发挥出来，而不是亦步亦趋地跟在别人身后，和别人跳进同一个圈子里，跳一样的舞蹈。在所有缺点中，最无可救药的就是失去自我，成为别人的复制品。记住，你就是你，永远不要活在别人的影子里，因为你不是别人的翻版。

别太执着，放弃那些不属于自己的东西

女人要学会选择，更要懂得放弃。孟子曰："鱼我所欲也，熊掌亦我所欲也；二者不可得兼，舍鱼而取熊掌者也。"鱼有着它的鲜美，而熊掌却是极品，但如果在选鱼时担心失去了熊掌，而选熊掌懊悔放弃了鱼，那我们只能将自己禁锢在自我设定的怪圈中，永远走不出这个让人困扰的环境。作为女人，不仅要学会拥有，而且要学会放弃。当你面临选择时，与其犹豫不决，彷徨不已，不如学会放弃。

放弃，在很多女人看来，好像是一种很无奈的选择。不到万不得已的时候，谁都不会轻言放弃。只要有一线希望就绝不会放弃追寻的脚步，到处充斥着这样的论调。可是很少有人去思考，过于任性、执着可能也是一种错。生命太过短暂，有时候必须仔细掂量，什么是值得自己用一生去争取的，否则就要当机立断，勇敢地放弃。

生活中的一些人执拗得要命，明知再怎么努力也不会有所收获的事，却偏偏不放弃，直到耗尽精力、财力才肯罢休。殊不知，明智的放弃才是可取的人生态度。

阿根廷诗人博尔赫斯在《沙之书》中写道："人必须随时准备好放下些什么，比如爱情，比如成功，这样才会生活得更主动。"不要对那些敢于放弃的人嗤之以鼻，因为放弃有时候远比坚守更需要勇气。

第一章 认识自我：化茧成蝶，做最优秀的女人

大学毕业后，刘鑫被分配进了一家国企。这是一家规模很大、历史悠久而且在全球也很有名的企业，福利、待遇、薪水都不错，缺点是分工太细，流动性差，纪律太多。

当时刘鑫的工作十分清闲，一天的工作她只需要三个小时就能完成。但不幸的是，即使条件优越，可它无法满足刘鑫由来已久的白领梦。刘鑫还在读书的时候，就十分向往成为那种有优越感、工作独立、忙碌又充实的职业女性。而刘鑫上班时却规定要穿制服，工作内容也十分简单，显然离她的梦想太远，所以刘鑫一直在为跳槽努力着。后来，她终于如愿以偿，放弃了那份让别人羡慕都来不及的工作，找到了梦想中的工作。但这也意味着她要离开工作了五年的国企和热情的同事，要和班车、免费午餐、悠闲从容的工作说再见了。

可事与愿违，从踏进外企的第一天起，上司的刁难、同事的冷漠、工作的压力就让刘鑫心灰意冷，有几次她甚至委屈得落泪。加上上班路途远，无法正常下班，她总是不能适应环境。总之所有的一切都让刘鑫心情极度郁闷，一下子觉得自己老了很多。每次想到原来的单位和同事，刘鑫的眼圈就禁不住发红。外企的工作成了刘鑫的煎熬，她最终决定离开外企。

经过这次的波折和动荡，刘鑫看清了自己，调整了自己的心态，重新摆正了自己的位置。她发现自己当初太鲁莽，也太冲动，甚至太高估自己，有点儿不自量力，明明自己的性格和能力不适合在外企里拼拼闯闯，却硬要放弃国企的工作挤进外企。如果还要勉强坚持下去，只会让自己碰得头破血流。

刘鑫的故事告诉我们，要想取得成功，要想有所建树，就必须学会放弃。只有放得下，才能拿得起；只有有所舍，才能有所得；只有输得起，

才能赢得了。不要感叹自己缺少什么，能够放弃自己所拥有的人，才是一个真正有智慧的人。

生活在绚丽多彩、充满诱惑的世界上，每一个正常的人都会有很多的理想、憧憬和追求。否则，他便是胸无大志，自甘平庸。然而，历史和现实生活告诉我们：必须学会人生的一堂重要课程——懂得放弃。

生活有时会逼迫你，让你不得不交出权力，不得不放走机遇，甚至不得不抛下爱情。你不可能什么都得到，生活中应该学会放弃。放弃是豁达豪爽的表现。放弃会使你保持冷静和主动，放弃会让你变得更智慧、更有力量。

当一个女孩失恋时，她的朋友并没有去安慰她，而是恭喜她，恭喜她及时地放下了不属于她的东西。朋友对她说："一个人执意要走，你是无论如何也留不住的，你也没必要留。"后来，她遇到了自己真正的白马王子，便跑回来感谢她的朋友，说如果不是当初及早放下了过去，就不会及时地踏上另一列快车，一列她永远都会赖着不下车的美丽列车。

面对一份即将或已经失去的感情，要有当断则断的勇气，绝不可拖泥带水。对女人来说，最可怕的不是失去所爱的男人，而是当感情无法挽回或者存在致命缺陷时，仍执迷不悟，继续陷入爱的泥潭中无力自拔。要相信岁月能够冲淡记忆，时间可以愈合伤口。痛过了，才会懂得如何保护自己；傻过了，才会懂得适时的坚持与放弃。

放弃，不是怯懦，不是自卑，也不是自暴自弃，更不是陷入绝境时渴望得到的一种解脱，而是在痛定思痛后做出的一种选择。对无法得到的东西，忍痛放弃，那是一种豁达，也是一种明智。必须割舍而不肯割舍，则是疑虑与执迷，对自己有害无益。能在必须割舍时毅然地割舍，是一种坚强与洒脱。不要以为能"取得"的人才是大智大勇，那些能毅然"割舍"的人，其实具有更高的智慧与更大的勇气。 所以，聪明女人不仅要学会如何拥有，更要学会如何放弃。

可以追求完美，但不要苛求完美

生活中，每个人多多少少都有追求完美的倾向与需要，希望每件事都尽可能地做到尽善尽美，这种倾向是人类追求自我实现与自我超越的原动力。追求完美固然是一种积极的人生态度，但如果过分追求完美，而又达不到完美，必然会产生浮躁的情绪。

在某跨国公司担任秘书工作的王春红是一个典型的完美主义者。她对自己要求颇高，凡事都要求做到最好，但常常无法如愿，所以总是自责。近来，王春红对平常驾轻就熟的日常工作缺乏信心，睡眠也不好，感到心中惶恐。她以为自己生病了，所以来到医院检查，于是有了下面一段对话。

医生问："您见过著名的维纳斯雕像吗？"

王春红回答："当然见过啦。"

医生又问："这个雕像有一个非常显著的特征，你知道是什么吗？"

王春红说："哦，她的手臂是断的。"

医生说："请您想象一下，如果我们帮她接上两只手臂，她是不是会更美？"

王春红笑着说："您真会说笑话，如果是那样的话，她还叫维纳

情商高的女人受欢迎

斯吗？"

医生说："是的，凡事不可能完美。换言之，既然凡事不可能完美，那就说明残缺也是一种美。那么您又为什么一定要追求工作中的完美无缺呢？这和为维纳斯接上双臂有什么区别呢？其实正是这些工作中小小缺陷的存在，才使您更加努力地工作，力争去避免失误，争取做得更好。那么您为什么不能容忍它们的存在而要感到焦虑不安呢？"

王春红："哦，我好像有些明白了。"

医生问："最后，送给您一句话——人可以不断完善自己，但永远无法让自己完美。"

生活中，很多人把追求完美当作人生的目标，但是越来越多的人却被对完美的这份追求压得喘不过气来。他们深受完美主义的拖累，把所有的心思都投入追求完美之中，无论对生活、对工作都锱铢必较，结果只会把自己搞得筋疲力尽。

不能容忍美丽的事物有缺憾，是人的一种普遍心态。对于女人来说，完美更是她们一生的追求。可是，所谓的完美女人在生活中往往会遭遇更多的不幸，因为上帝是公平的，打开了完美的大门，往往关上了幸福的窗。你可以要求自己得高分，但绝不能要求自己每次都得满分。

心理学研究证明，人们试图达到完美境界的心态与他们可能获得成功的机会恰恰成反比。追求完美给人带来莫大的焦虑、沮丧和压抑。事情刚开始，这些人就在担心着失败，因为生怕干得不够漂亮而惴惴不安，这就妨碍了他们全力以赴去取得成功。而一旦遭到失败，他们就会异常灰心，想尽快从失败的境遇中逃走。他们没有从失败中获取任何教训，而只是想方设法让自己避免尴尬的场面。他们往往神经异常紧张，以至于连一般的

·18·

工作都不能胜任；他们不愿冒险，生怕任何微小的瑕疵损害了自己的形象；他们对自己有诸多苛求，毫无生活乐趣；他们总是发现有些事未臻完满，于是精神总是得不到放松，无法休息；他们对别人也吹毛求疵，人际关系无法协调，得不到别人的合作与帮助。

背负着如此沉重的精神包袱，不用说在事业上谋求成功，就是在自尊心、家庭问题、人际关系等方面，也不可能取得让他们满意的效果。他们抱着一种不正确、不合逻辑的态度对待生活和工作，永远无法让自己感到满足，每天都是焦灼不安的。所以说，完美只是人们给自己戴上的一个金箍，然后自己念着紧箍咒折磨自己。

美国作家哈罗德·斯·库辛写过一篇名为《你不必完美》的文章，文提到这样一个故事，因为在孩子面前犯了一个错误，他感到非常内疚。他思忖自己在孩子心目中的美好形象从此被毁，怕孩子们不再爱他，所以他不愿意主动认错。在内心的煎熬下，他艰难地过着每一天。终于有一天，他忍不住主动向孩子们道歉，承认了自己的错误。他惊喜地发现，孩子们比以前更爱他了。他由此发出感叹："人犯错误在所难免，那些经常犯些错误的人往往是可爱的，没有人期待你是圣人。"

一个"完美"的女人，从某种意义上来说，也是一个可怜的女人，她体会不到生活里有追求、有希冀的感觉。正因为完美，她也无法体会到当自己得到了一直追求的东西时那种喜悦的感觉。所以，不必羡慕完美。在生活中，本来就不存在完美的东西，美都是相对的。维纳斯是美的，她的断臂使她的美成为残缺的美，可谁又能说她不美呢？从某种意义上讲，残缺的美才是真实的、可爱的。正因其残缺，才能让人有更高的期待。

董敏在一家外企从事管理工作，她打扮得体，气质高雅，有着令人羡慕的工作环境和收入。她的先生在政府部门工作，虽收入不算很高，但对家庭照顾有加，为人正直。她的女儿聪明活泼，惹人疼爱。一家人看上去美满幸福，但董敏却常常感到莫名的烦躁，很容易情绪低落。她总是觉得工作不顺心，先生表现得不让她满意，人见人爱的女儿有时也让她觉得有些讨厌。近来董敏更发展到对自己的外貌不满意，总觉得自己的外貌有缺陷，因此每天清晨都要花大量的时间来打扮自己，反复地更换服装，一丝不苟地化妆，稍有不如意便全部重新来过，以至于很难按时上班。她勉强来到单位工作，又会为自己没有准时上班感到心烦意乱。

可见，人的很多烦恼，就是因为追求完美而产生的。在我们的人生长河中，我们追求的东西很多很多，但是只要我们适当地降低标准，理性地看问题，我们的生活就会有很多的快乐。

人生是没有完美可言的，完美只在理想中存在。在这个世界上，女人可以追求完美，但不能苛求完美。如果一味地追求十全十美，那就是给自己披上了一件奢华而沉重的衣服，看起来十分亮丽，却中看不中穿。因此，身为女人，不仅要接受自己的缺点，懂得欣赏自己、调整自己，保持心理健康，还要接纳别人的毛病和缺点。一个人即使做得再好，也总有不完善的地方，总是无法让所有的人都满意，所以，女人要学会适可而止，用平和的心态面对生活。只要心放宽一些，对自己不苛求，对别人也不苛求，生活就会减少许多的烦恼。

无知不可怕，可怕的是狂妄自大

日常生活中，我们不难发现这样一些人，他们虽然才华横溢，思路敏捷，但一说话就令人感到狂妄，因此别人很难接受他们的任何观点和建议。这种人大多数都是因为太爱表现自己，总想让别人知道自己很有能力，处处想显示自己的优越感，从而能获得他人的敬佩和认可，结果却是失掉了自己的威信。所以说，做人还是应该保持谦虚低调。

舒雅是一个要强的女人，读书时成绩很好，每次考试，哪怕只是小小的测验，她都要求自己做到最好，不一定拿最高分，但要尽全力。毕业后她有了一份良好的职业，因为优秀，她常常自以为是，与同事相处时，张扬的个性使她处处碰壁，机会一次次从她身边溜走。个人问题亦是如此，在公司的酒会上，她认识了一位让她一见倾心的男士，顺其自然地建立了恋爱关系，可她处处要强，虽然心里很爱也很珍惜他。有一天，她发现她所爱的人脚踩两只船，没有回旋的余地，她要他必须做出选择。其实他是因为受不了舒雅的个性才去找了个临时停靠的港湾休息一下，但他最终选择了那个各方面条件都远不如舒雅的女孩，理由是她柔情似水，看上去就是个需要别人保护的小女人，而舒雅很坚强，不容易受到伤害。

付出了全部的爱之后却面对这样一个结局，舒雅把自己关在屋里，整整一个星期足不出户。

朋友在电话中开导舒雅："知道你的症结所在吗？就是太好强了，女人还是表现得柔弱点儿好。工作中，当你向着一个目标努力时，可以采取迂回战术，而不必过于张扬。谦虚其实是女人的秘密武器。因为谦虚，职场上的男性竞争者会忽略你的存在，不拿你当对手，在你遇到困难时帮助你；因为谦虚，生活中男人们会撤下虚伪的面具，和你做朋友，向你吐露真心；因为谦虚，出色的你在同性中也不至于太吸引眼球而让人嫉妒。谦虚帮你遮掩毕露的锋芒，让你能够得到并把握机会，从而以退为进，成为最后的赢家。生活里，谦虚会使你的爱人感觉到你很需要他，从而给予你关心和爱护。"

舒雅的这位朋友，因为深谙谦虚之道，虽然年龄不占优势，却能够在激烈的岗位竞聘中立于不败之地。每一次她在工作中遇到与别人观点不一致时，都会坦言自己的看法并征询对方的意见："这只是我个人的看法；或许并不全面，你认为如何？"她年轻时就是个美女，而今风韵犹存，企业里，像她那样风情万种的女人，吸引男人目光的同时也是女人眼中关注的对象。在与女人打交道时，她总能挖掘对方外形、装扮上或是个性上的优点，并将其扩大，再适时地表达出来，让听的人很受用，从而成为她的朋友。工作取得成绩被领导表彰，她会拿出部分奖金请同事们去大吃一顿，用让人能感觉到的真诚对大家说，成绩是共同努力的结果，只是她幸运地被领导发现。于是，大家都没有意见。数任领导换了又换，每一任都对她留下了良好的印象，认为她有能力，会做人。在家里，聪明的她常用崇拜的目光看她的老公，即使在她一眼看穿老公的小计谋时也是如此。结婚十多年后，老公依然当她是宝贝，总是想努力工作，为她创造更好的生活条件。

舒雅恍然大悟，原来如此。如今快节奏的时代提倡个性张扬，但做个谦虚的女人，岂不更好？

真正的谦和来自内心而不流于表面，作为女人，应该更注重人性的平等和自我价值的实现。要想实现这些深层次的平等，女人首先就要把自己放在平等的位置上，摆正自己的身份。而真正相信自己的人，真正有底气、有智慧的人，是平和的，是宽容的，是不过度表现自己的。现在的女人，缺乏的恰恰是这种精神和气质。

俗话说："鼓空声高，人狂话大。"一个人有了才能是好事，但如果因为自己的才能出众而狂妄自大就不是什么好事了。狂妄往往是与无知和失败联系在一起的，人一狂妄往往就会招人反感，自然也很难得到别人的认可。

凡是狂妄自大的人，都会过高地估计自己，过低地估计别人。他们认为自己无所不能，谁也看不起，认为别人总是这个不行，那个也不行，只有自己最行。相反，那些真正有本事的人，即使取得了令人瞩目的成绩，也极少有人因为自己具有足够资本而骄傲，相反，他们是非常自知而又非常谦虚的。

人们常说"天不言自高，地不言自厚"。才识、学问愈高的人，在态度上反而愈谦卑，希望自己能精益求精，更上一层楼。相反，那些妄自尊大、过分自负的人总是喜欢炫耀自己的才能，引起别人的反感，最终在交往中使自己走到孤立无援的地步，让别人敬而远之，甚至厌恶。

老子曾说过："良贾深藏若虚，君子盛德容貌若愚。"就是说，商人总是隐藏其宝物，君子品德高尚，而外貌却显得愚笨。这句话告诉我们，做人要敛其锋芒，收其锐气，不要急于将自己的才能让人一览无余。只有学会谦虚做人，不要太过张狂，你才能受到人们的欢迎。

英格丽·褒曼在获得两届奥斯卡最佳女主角奖后，又因在电影《东方快车谋杀案》中的精湛演技获得最佳女配角奖。然而，在她领奖时，她却一再称赞与她角逐最佳女配角奖的弗伦汀娜·克蒂斯，认为真正获奖的应该是这位落选者，并由衷地说："原谅我，弗伦汀娜，我事先并没有打算获奖。"

英格丽·褒曼作为获奖者，没有喋喋不休地叙述自己的成就与光辉，而是对自己的对手推崇备至，极力维护了落选对手的面子。无论谁是这位对手，听到这话都会感激英格丽·褒曼的，这实在是一种优雅的风度。

其实，一个人有多少本事，就算自己不说出来，别人也会看到的。与其滔滔不绝地吹嘘自己，不如保持谦虚的态度。俗话说 "木秀于林，风必摧之"、"枪打出头鸟"，一个人只有时刻保持谦虚的态度，他的路才能走得更远。

只有正视自己，才能做出"量身定做"的选择

人们常说，女人如花。因此，如果女人不能在适当的时间、适当的条件下吸收适量的水分和养分，她只能很快枯萎。而所谓适当的时间、适当的条件指的就是做选择时的自我剖析，即对自己的正视。

很多人认为，没有人比自己更了解自己的了，事实上并非如此。俗语说："旁观者清，当局者迷"，"不识庐山真面目，只缘身在此山中"。所以说，世界上最难的就是不能理性、客观地认识自己。

在古希腊帕尔索山上的一块石碑上，刻着这样一句箴言："你要认识

你自己。"据说这是阿波罗神的神谕。卢梭对这句话有极高的评价，他认为，"比伦理学家们的一切巨著都更为重要，更为深奥。"显然，认识自己是至关重要的，而能正确地认识自己是很不容易做到的，这需要人们理性地看待问题。

从前，有一块铁，不知道金子长什么样子，以为自己是一块金子。

有一天，这块铁遇到了一个铁匠，铁匠说："如果你愿意的话，我把你打造成一把锋利的宝剑。"可铁却说："我是一块金子，为什么要把自己打成宝剑？""你只是一块铁，并不是金子。"铁匠摇摇头，遗憾地走了。在此之后，铁便踏上寻金之路。

有一天，铁遇上了一块铜。铜浑身黄灿灿的，熠熠发光。铁高兴地说："你在发光，你一定是金子！"铜说："不，我不是，我是铜。金子比我光亮得多。"于是，铁很失落，继续上路寻找金子。

在路上，铁又遇见一块白银，闪闪发亮。铁激动地问："金子，你好啊！"白银看看铁说："你认错了，我是白银。金子是黄灿灿的。"

铁很失望，继续向前走。终于，有一天，铁看见了金子，被金子的光晃得头晕目眩。铁说："你就是世界是最名贵的金子吧？"金子对铁说："我是金子，但还不是最名贵的，这个世界上比我名贵的东西多的是。"

此时，铁很伤心，心想自己永远也不能成为一块金子了。金子对铁说："每个人都有每个人的作用，只有认识自己，才能发挥最大的潜力。正如锋利的宝剑永远也不会由金子做成。你还年轻，还需要锻炼。"

情商高的女人受欢迎

听了金子的话，铁认清了自己的能力，找到了自己的价值所在。于是，铁便回家了。它找到那个铁匠，终于把自己变成了一把锋利的宝剑。

一个人要追求成功，必须先认识自我。只有清楚地认识自我，才会明白自己需要什么，才会知道自己能做什么，才能把握自我，完善自我。

古人云，人贵有自知之明。这是人们对自我认识的正确态度，是成功者的经验之一。认识自己能使人感到个人力量的渺小，冷静地评价个人的能力，能够促使自己更好地把握个人的抉择，并有效地进行自我管理，这样才能够给自己有一个正确的定位，给自己设置正确可行的目标，让自己充分发挥潜能。

嘉芙莲女士原本是美国俄亥俄州的一名电话接线员，凭借天赋加上长期的职业锻炼，她伶俐的口齿、柔和动听的声音以及热诚的态度在当地很有口碑，受到用户的普遍赞赏。嘉芙莲是个胸怀创业大志的人，她不想一辈子就当一名普普通通的电话接线员，她要当老板，要开创自己的事业。她知道商场如战场，任何不着边际的空想都只能是画饼充饥，一定要从自己的实际情况出发，寻找自己所长与社会所需的结合点，干出自己的一番事业。有了这种观念，她回头审视自己的生活，主意就来了：利用自己的天赋条件成立一家电话道歉公司，专门代人道歉。后来，嘉芙莲女士不但拥有了自己的公司，而且还成为商业界的一位成功人士。

试想一下，如果当初不是嘉芙莲女士善于剖析自己，做了智慧的选择，她很可能一辈子都只是一名电话接线员。所以，在很多时候，哭哭啼啼、感时伤怀并没有多大的用处。优秀的女人要想获得自己人生的幸福与成功，只能是彻彻底底、完完整整地把自己剖析一遍，然后做出正确的选择。

一个人在自己的生活经历中，在自己所处的社会境遇中，正确认识自我，描绘自己的未来，也就是你知晓自己是个什么样的人，你期望自己成为什么样的人。这是一个至关重要的人生课题，将在很大程度上决定你的命运。

一个人成功与否，在很大程度上取决于自己能不能扬长避短，善于发挥自己的长处。美国政治家富兰克林说得好："宝贝放错了地方，便是废物。"如果一个人不发挥自己的长处，而是放大自己的短处，过高或过低地评价自己，那么，他的人生之路将是非常崎岖和艰难的，他可能终生劳碌但永远不会成功；相反，如果他善于发挥自己的优势，可能很快就能驶入事业的快车道，创造出丰富多彩的人生。

在漫长的人生历程中，我们必须丢掉自己的任性，理性地认识自己。只有理性地认识自我的价值，才能创造生命的辉煌，才能找到自己真正价值之所在。

一个人只有理性地认识自己，才能充满自信，才能使人生的航船不迷失方向；一个人只有理性地认识自己，才能正确地选择一生的奋斗目标。所以，理性地认识自己，找准自己的方向，弹奏自己最擅长的曲子，才会奏响人生的华美乐章！

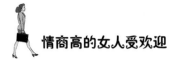

凡事不可任性而为，要学会量力而行

你真的认为自己是一个无所不能的人吗？

事实上，我们每个人都有自己能力的极限，不可能样样都行。能力极限可能是由于自己体力、心智或情绪上的缺陷所致。此外，外界因素也可能给我们造成各种阻碍。

尽管如此，很多人为了向别人证明自己的能力，强迫自己去做能力达不到的事情，不仅会累坏自己，而且还平白浪费了宝贵的时间。作为女人，更要明白这个道理：要尽力而为，还要量力而行。

有一只老鹰从很高的岩石上向下俯冲，用它的利爪抓住小绵羊。穴鸟看到了，心想自己一定比老鹰强，就模仿老鹰的动作，飞到绵羊身上，没想到脚爪却被绵羊弯曲的毛给缠绕住了，拔不出来。

牧羊人发现了，就跑过去把穴鸟的脚爪尖剪掉，把穴鸟带回去给孩子们玩。孩子们很想知道这是什么鸟了，牧羊人说："据我所知，这是穴鸟，但是它却自以为是老鹰。"

做任何事情都要量力而行，不要打肿脸充胖子，明知不可为而为之。自己最应该了解自己的能力，知道自己能吃几碗饭，能干多少事。所以，在做事情之前，你要充分地分析自己的能力。

第一章　认识自我：化茧成蝶，做最优秀的女人

做什么事情都要根据自己的能力而定，不要做自己力量达不到的事，这样只能让自己头破血流，或者误入歧途。所以，我们在做事情的时候，要时时刻刻掂量一下自己，要知道自己是谁，自己有几斤几两。不要过高估计自己的德行和自己的力量，一定要量力而行，量体裁衣。

小丽是厂里的一名普通职工，她希望别人能够高看自己一眼。但她并没有在工作中努力，而是一味地帮别人办事。

因为她的热心，大家有什么事都求她帮忙，她即使办不了，也会为了顾全面子而答应下来。为了替上司买可以打折的某国外品牌的化妆品，她先谎称自己的朋友能拿到内部折扣，然后再起早去商场排队，要是排不上自己再搭钱从他人手里高价买。最终事情办完了，上司拿到了打折后的化妆品，喜笑颜开，直夸小丽有本事，可背后的辛酸只有她自己知道。她这样做就是想让别人认可自己，不愿承认自己比别人差，怕伤及同事的感情或得罪上司。可到头来自己赢了面子，却累坏了自己。

帮助别人需要量力而行，不要超出自己能够承受的范围。心有余而力不足的情况时常能够遇见，这个时候，不能脱离现实条件帮助别人，而是能帮多少算多少。如果帮得不好，不但对被帮助者无益，反而对自己有害，违背了初衷。

三国时候有一个叫王朗的人。有一天他和华歆乘坐一条渡船到另一个地方去，船上带了很多行李，因为公务他们必须要在两天内赶到另一个地方。船刚要离岸，这时有一个人摆手要搭船，样子非常着急，几近跪拜。王朗就问华歆："你看我们帮不帮他呢？"华歆沉思片刻说："我看还是不要带上他。我们时间紧急，行李又多，两天之

内如果赶不到，必受惩罚。增加一个人，船必然行进缓慢。"王朗却说："我看还是行善带上他吧。"华歆说："让他等别的渡船，我们赶快走吧。"此时岸上的人真的跪地请求帮忙。王朗于是命令船家赶快让岸边的人上来。这个人与他们所去的正好是同一个地方，由于这里稍微偏一些，很难等到渡船，此人不得已才求助。但由于船小，增加一个人后，行进缓慢，走了一天还没走到一半的路程。这个人倒也积极地帮忙划船，可是眼看两天就要过去了，再不加快速度肯定要延期到达。这时王朗眉头紧锁和华歆商量："这可怎么办呀？真后悔当时没听你的，不然我们肯定已经到了。不如让此人下船吧。"华歆摇头说："那不行，你既然让人上船了，怎么能因为情况紧急就把他抛下呢？"华歆坚持带着那个人一起走。

后来，世人通过这件事来评定华歆、王朗的优劣。

帮助人要量力而行，如果没有能力帮助人，就不要轻言帮助，否则中途撒手把人害得更深。现实中有很多人，在别人求助时满口答应，结果却没有做到或者把事办砸了，让求助者错过了时机或者造成了更多痛苦。

人要有自知之明，所以，哪怕是帮最好的朋友办事，也要量力而行，千万别逞强，否则说不定还会适得其反，将事情搞砸。办不成的事，要老实地说，没什么不好意思的。办不了的事就是办不了，朋友之所以来找你，就因为他也办不成。别为你帮不上别人的忙而不好受，与其搞砸了一件事，还不如让他另请高明。

量力而行是一种智慧。它要求我们要以严谨的态度、冷静的头脑来审视我们的实际情况，正确估量我们的实际能力，既不盲从，也不僵化。如果一个女人凡事不仅尽力而为，还能根据自身的条件量力而行，经过全面权衡以后，懂得放弃自己不能办到的事情，那么她就是一个非常明智的女人。

第二章　为人处世：
　　可以彰显个性，
　　但还要适应社会

守住自己的秘密，逢人只说三分话

俗话说："逢人只说三分话，不可全抛一片心。"这句话告诫人们小心为上，可现在又常常被人批判为不够坦诚。其实，从立身行世的角度来看，这句话本身并没什么错，甚至可以说是至理名言。

何月在一家公司做文职工作，因为性格开朗大方，和同事关系都挺不错。办公室里有个男同事，一直以来对她照顾有加。后来那个男同事找了个机会向何月表白，说很喜欢她。当时何月已经有了感情很稳定的男朋友，便婉言拒绝了男同事的追求。男同事说他不图别的，只要能经常关心她就很快乐了。何月觉得再拒绝人家的好意就显得自己太小家子气，于是仍然坦然地与从前一样和他相处。

后来办公室里另一个女同事董翎发现了那个男同事对何月异常地关心。因为与何月关系很好，董翎就在一次聊天时问何月是怎么回事。因为董翎也常常跟何月说她自己的事，何月也没多想就把这件事告诉了董翎。

但是谁也没想到，没过多久，在何月和董翎竞争同一个职位时，董翎为了胜过何月，以何月当初向她透露的情感秘密作为造谣生事的武器，到处散播谣言，宣称何月人品有问题，脚踏两只船，在有男朋友的情况下还跟男同事搞暧昧关系。这件事里受伤害最大的是那位男同事，没有做什么出格事情的他却饱受众人异样的眼光，最终那个男同事得不得不选择辞职离开。

后来，虽然何月凭借自己的实力得到了想要的职位，却也为这件事内疚了很长一段时间。再谈起这件事，何月说，即便是对看似与自己没有矛盾的人，有些情感上的隐私也千万不能说，说出来就可能给别人和自己造成不可弥补的伤害。

每个人都有自己的小秘密，特别是女人。也许是过去的一段不堪回首的经历，也许是年少轻狂时犯下的一个错误，也许是自己曾做过的一件不光彩的事情，也许是自己内心情感世界的动荡变化……这些都是不愿意回想或让人难以接受的事情。出于自我保护的意识，我们通常把它们深藏在自己的内心里面。

但许多女人都有一个共同的毛病：肚子里搁不住事。有一点点喜怒哀乐就想找个人谈谈，更有甚者不分时间、对象、场合，见什么人都把心事往外掏。其实这也没有什么不对，好的东西要与人分享，坏的东西当然不能让它沉积在心里。其实事情可以说，但不能"随便"说，因为每个被倾诉的对象都是不一样的，说心里话的时候一定要留个心眼，该说的可以说，不该说的千万别说。

人们常说："饭可以随便吃，但话不可以随便说。"所谓随便说，是指不区分心事的内容，不区分说话的对象，见人就说，想说就说。换句话说，如果你觉得自己的心事必须一吐为快，一定要想想这件事能对某人讲吗。之所以建议你谨慎处理自己的心事，是因为倾吐心事会显露一个人的弱点，这种弱点会改变他人对你的印象。虽然有的人欣赏你性格的某方面，但有的人却会因此下意识地看不起你。最糟糕的是，一旦你脆弱的一面被人掌握，他日就成了你的致命伤。尽管这种情形不一定会发生，但必须提防。

王亚丽和张梅梅在同一家公司工作，是工作上的搭档，两个人关系很好。王亚丽结婚之后，得知自己怀孕时，最先与张梅梅分享了这个喜讯。在王亚丽怀孕三个月左右的时候，她们所在的公司因管理不善倒闭了，两人就一起去找工作。王亚丽从报上得知一家大工厂要招两个她这个行业的人，便约了张梅梅一同去面试。当时负责招聘的部门主管听说她俩是旧同事时，还用奇怪的眼光看了她们一眼。第二天，王亚丽就接到了那位主管的电话，要她去上班，她高兴地打电话告诉了张梅梅。

可是，等王亚丽去报到时，主管却问她："你是不是已经怀孕了？"王亚丽一愣，心想主管是怎么知道的。主管接着说："你那个一同来面试的女同事刚打电话来说的。如果我不知道这件事也就罢了，但现在我知道了，我就只能向你说声抱歉，我不想我招的人进来半年就要休产假。"王亚丽这才知道原来张梅梅没有应聘上，就在背后搞了小动作，心里顿时涌起一股情绪，但说不清是愤怒还是悲哀。

那位主管接着说："我当时就奇怪你们俩怎么同时来应聘，要知道这是竞争啊！她这种人我也不会要。你如果生完小孩，还想来这儿工作，可以再找我。"临走时，她送给王亚丽一句话："不要把同事当朋友。"

把自己的隐私告诉别人实在是不明智的，除非是为寻找帮助非说不可，否则不要轻易向别人吐露你的隐私。即便他或她向你保证保守秘密，甚至立下誓言。但是嘴毕竟长在别人身上，谁也无法预料以后可能发生的事情，等到被利用之后再四处寻找"后悔药"为时已晚。

其实，情商高的女人知道在人际交往中只说三分话，这不是她们不诚实、狡猾或是做事不光明磊落，而是在生活和工作中累积出来的经验。

情商高的女人受欢迎

坦率真诚、快人快语、言无不尽、这是美好的品德。但人心险恶，你的坦诚和言无不尽可能会被有心人利用，给你造成伤害，所以不得不防。

小丽大学毕业后，来到一家私营企业做秘书工作。她聪明美丽，文采不凡，可她谈了许多男友都以失败告终。

办公室的欣欣与小丽是很好的同事，她们之间无话不说。欣欣觉得小丽无论学识与长相都可谓一流，奇怪为什么她谈男朋友总是失败。欣欣找了个借口请小丽喝茶，询问小丽为什么一直不找男友。

小丽一下子眼睛红了，吞吞吐吐终于道出了一个难以启齿的秘密。原来小丽家族有狐臭遗传，尽管小丽做了手术，可是仍然没有断根。冬天还好，春夏秋三个季节仍然有阵阵难闻的味道散发。

每次小丽谈男朋友，一段时间后男友总会委婉地提出分手。尽管男友没有直接说出是她体臭的原因，但小丽有自知之明，所以小丽一直郁郁寡欢。小丽道出自己的秘密后，要求欣欣守口如瓶。欣欣直点头，并向小丽保证绝不说出去。

一天，公司会计杨阿姨为小丽介绍了一个男朋友，要小丽下班去茶馆去与男孩见面。小丽怕再次受挫，她左思又想，终于想了一个好主意，让欣欣陪她去相亲。欣欣推辞不了，硬着头皮陪着小丽见了那个男孩，男孩见小丽美丽优雅，心动了。他感到很满意，因为小丽比他想象的更完美。

小丽对眼前的男孩也很满意，小丽多么想单独再与这个男孩聊一会儿，但由于欣欣在场，她觉得不妥。再说第一次与男孩见面，时间不宜过长，便与欣欣一同告辞。

男孩含情脉脉看着小丽，送小丽与欣欣出门。突然，小丽的手机响了，小丽对男孩说接一个电话，便站到一处接电话去了。

此时只有欣欣与男孩在交谈，欣欣见男孩潇洒干练，很为小丽高兴。她随口对男孩说："小丽是我们单位的美女，工作无可挑剔，性情又好，就是有点体臭的缺点。"

男孩一听，脸上立即露出不快，他二话不说就告辞走了。小丽打完电话，从欣欣口中得知男孩离去的原因，也愤然离去，她十分后悔将自己的秘密告诉别人。

其实，每个人都有许多秘密。我们或许因一时冲动找人去倾诉，这样做的结果很可能是把秘密泄露出去，自取其辱、自找倒霉。所以说，不把自己的秘密全盘地告诉他人才是处世的原则。让他人为自己保守秘密，远比让自己保守自己的秘密难得多。不要让他人分享自己的秘密，要学会保守自己的秘密。世界是复杂的，我们抛出一片心说不定正好进了别人的陷阱。所以，"逢人只说三分话，不可全抛一片心"。这才是保护自己的最好方法。

张扬个性，不如低调做人

这是一个张扬个性的时代，各种媒体也都在宣扬个性的重要性。张扬个性肯定比压抑个性舒服，但是如果张扬个性仅仅是一种任性，仅仅是一种意气用事，甚至是对自己的一种放纵，那么张扬个性对我们肯定是没有好处的。

李小姐毕业于北京某名牌大学，有过硬的管理才能和游刃有余的公关能力，但她有一个缺点，就是争强好胜而且易冲动。毕业后她像许多南下寻梦者一样南下"淘金"。

她被一家大型合资企业聘用，负责公司的宣传工作，当时她自己也认为：应该好好干出一番事业来。刚进企业，因为她写出来的文件颇受老总喜欢，老总多次当众夸奖她。但半年后，与她一起来的两个同事都升职了，只有她的位置没有变，于是她心里不免有点不平衡，最后她与人事部经理当面冲突起来。

李小姐说："我豁出去了，不成功，便走人。"这件事发生之后，老总找她谈话，意味深长地说："小李，请给我一个认识和了解你的机会。"老总本想再考察她一年半载，便提拔她为公司的公关部经理。年中薪资调整，她的工资翻了将近一番。这个变化带来的成功和喜悦没能维持多久，李小姐又有了新的不平衡。因为与她一起进来的同事又有了新变化，要么升职要么跳槽，而她仍旧在原地踏步。

她觉得耐心和等待没有结果，于是又变得任性孤傲。一次休息日公司通知她加班，她为了维护自己的权益而严词拒绝，给公司高层领导造成极坏的印象，老总没有耐心对她进行考验了。从此她被打入"冷宫"，自己觉得无趣，就主动辞职了。

纵使你才华横溢，也要一步步向上攀。如果你显露张狂的个性，企图一步登天，那么你将摔得更加惨重。一个成熟的人应该懂得把握自己，懂得不断调整自己的行为。

俗话说："人狂没好事，狗狂挨砖头。"说得文雅一点儿，人如果太张扬便会给自己带来麻烦；说得难听一点儿，如果不想做挨砖头的狗，就绝不能太张扬。所以，人不能太张扬，张扬实际上是一种张狂。

在现实生活中，有许多人个性张扬，率性而为，不会委曲求全，结果往往是处处碰壁，而涉世渐深后，才知道了轻重，分清了主次，学会了内敛。

其实，岁月带给我们的绝不只是表面的成长，而应是底蕴的增加。不应该是张扬的较劲、物欲的比拼，而应该是低调、深沉、儒雅、宽容和理解。

李雨欣在某公司的企划部工作，思维活跃的她常会提出不少新创意，称得上是整个部门的"点子王"，部门主管很器重她。工作归工作，私下相处起来，李雨欣却有不少缺点让同事和部门主管十分反感。

穿着新潮就不说了，李雨欣的发型在整个公司都算是别具一格的，不仅造型常常变换，而且头发的颜色引人注目。部门主管提醒过她好几次，她每次都振振有词："这叫个性，你不是常叫我们搞企划的必须有自己的个性吗？"

平时上班，李雨欣会不时地去洗手间，几乎每隔30分钟去一次，对着洗手间墙上的镜子不停地整理自己的发型，整理身上的装束。"如果她的张扬仅在于此，我也不会那么左右为难了。她太自我，完全不把别人放在眼里。你跟她较真、讲理，还真讲不通，因为她辩解的理由非常孩子气。"李雨欣的部门主管无奈地说。

有一次，李雨欣出去复印资料，顺便将手机压在写字台的文件上。她走后，恰巧部门主管急着找她拿一份材料，见她不在，就将手机挪开翻找，取走了要找的材料。李雨欣回来时发现自己的手机好像被人动过，桌面上的资料也被弄乱了，竟控制不住自己，大发脾气，冲着前后左右的同事大声问道："你们谁动了我的手机？怎么能不经允许就乱翻别人的东西？难道不知道要顾及别人的隐私吗？"周围的同事都没有吭声，她还想不依不饶，后来被部门主管叫进了办公室。

"作为她的上级，我真不知道还能忍她多久。虽说做企划需要创

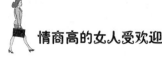

意、提倡个性，她的才华也确实让人欣赏，但她张扬的个性实在是有些不可理喻。"部门主管说。

由此可见，当个性和职场规则狭路相逢时，我们应该忍痛割爱，与个性说拜拜。只有收敛个性，放低姿态做人做事，才会让人获得意想不到的惊喜和效果。

有些人常常说："走自己的路，让别人去说吧！"但作为一个社会中的人，我们真的能那么洒脱吗？社会是一个由无数个体组成的群体，我们每个人的生存空间并不大。所以当你想伸展四肢舒服一下的时候，必须注意不要碰到别人。当我们张扬个性的时候，必须考虑到我们张扬的是什么，必须注意到别人的感受和接受程度。如果你张扬的这种个性是对别人个性的压抑和打击，那么你最好的选择是把它收敛起来，而不是去张扬它。

社会需要的是被公众接受的个性，只有你的个性能融合到创造性的才华和能力之中，这种个性才能被社会接受。如果你的个性没有表现出这种相容性，仅仅表现为一种脾气，它往往只能给你带来不好的结果。所以，不要过分张扬自己的个性。

不张扬是一种修养、一种风度、一种文化，是一位现代女性必需的品格。一个人如果不具备这样一种品格，而是过于张狂，就如一把锋利的宝剑，好用而容易折断，这样的人无法在社会中生存。

烈日过于张扬，会使草木枯萎；滔滔江水过于张扬，会冲垮江堤；好人过于张扬，也会变得疯狂。做人不张扬，就要学会不喧闹、不矫揉造作、不无病呻吟、不假惺惺、不卷入是非、不招人嫌、不招人嫉妒……不张扬就要自我约束，将个性引到正确的方向上来，而不是故步自封。所以，奉劝那些有才华的女性，即使你认为自己满腹才华、能力比别人强，也要学会藏拙，这样才能在竞争激烈的社会中走向通往成功的阳关大道。不显眼的花草少遭摧折。只有低调，才能心无旁骛；专注做好眼前的事，才能成就未来！

争论不休的女人讨人厌

现实生活中，很多人喜欢争辩，对一个问题、一个观点，争得脸红脖子粗，大有针尖对麦芒之势。跳出来看，有必要去争辩吗？其实有些事情根本没有必要争辩。

争论或许会让你赢得胜利，但是即使表面上赢了，实际上你还是输了。为什么？如果你的胜利使对方的论点被攻击得千疮百孔，证明他一无是处，那又怎么样？你会觉得扬扬得意，但对方呢？他会自惭形秽，你伤了他的自尊，他会怨恨你，而且他心里并不服气。因此，争论是要不得的，甚至连最不露痕迹的争论也要避免。如果你老是抬杠、反驳，即使偶尔获得胜利，也永远得不到对方的好感。真正赢得胜利的方法不是争论，而是不要争论。

有一天晚上，卡尔参加一个宴会。宴席中，坐在卡尔右边的一位先生讲了一个笑话，并引用了一句名言。

那位先生说那句话出自《圣经》，但他说错了。卡尔知道正确的出处。为了表现出优越感，卡尔纠正对方的错误。那位先生立刻反唇相讥："什么？这句话出自莎士比亚之口？不可能，绝对不可能！那句话出自《圣经》。"

那位先生坐在卡尔的右首，卡尔的老朋友弗兰克·格蒙坐在他的左首，他研究莎士比亚的著作已经很多年。于是，他们俩都向格蒙请教。格蒙听了，在桌下踢了卡尔一下，然后说："卡尔，这位先生没说错，《圣经》里有这句话。"

那天晚上在回家的路上，卡尔对格蒙说："弗兰克，你明明知道那句话出自莎士比亚之口。"

"是的，当然，"格蒙回答，"那句话出自《哈姆雷特》第五幕第二场。可是亲爱的卡尔，我们是宴会上的客人，为什么要证明别人错了？那样会使他喜欢你吗？为什么不给他留点面子？他并没问你的意见啊！他不需要你的意见，为什么要跟他抬杠？应该避免这些毫无意义的争论。"

人生之中，何必为了赢取那无谓的胜利，事事都要去争论？但在时下这个浮躁的社会，有太多人愿意参与到这样无休止的争论中去，发表一些自以为是的观点，可结果呢？也许一辈子也没有结果。更重要的是，这样做对你毫无意义，不但为自己树立了敌人，对你的人生也没有任何助益。正如美国著名政治家本杰明·富兰克林所说的："如果你老是争辩、反驳，也许偶尔能获胜，但那是空洞的胜利，因为你永远得不到对方的好感。"

在人际交往中，每个人都会遇到和自己不同的人。大至思想观念、为人处事之道，小至对某人、某事的看法一评论，这些程度不同的差异都会引起人与人之间的争执与论辩。但如果你在争辩中碰到一个无知的人，又怎么能用辩论取得胜利呢？

有一次，两位樵夫正在争辩一件事，恰巧有一位智者路过此地，两个樵夫争先恐后地向智者诉说事情的原委，他们在争辩三乘以八是二十四还是二十三。

智者听了以后，笑着对说三乘八是二十四的樵夫说："你错了，他是对的。"

说三乘八是二十三的樵夫笑呵呵地走了。

另一位樵夫不服气地对智者说："这是怎么回事？答案明明应该是二十四，这是连小孩子都知道的，你怎么说他是正确的呢？"

智者笑着说："既然是连小孩子都知道的事情，他都不知道，岂不是说他连小孩子都不如吗？你和他争辩有意思吗？说一句你错了，对你又会有什么损失呢？你和他争辩下去，不是白白浪费时间吗？"

不论对方是否聪明，你也不可能靠辩论改变他人的想法。即使你在争论中是有理的一方，但要想改变别人的主意，常常是徒劳的。就算你把他驳得体无完肤，那又能怎么样呢？假如你碰到一个心胸狭窄的人，他在辩论中败下阵来，必定会认为自尊心受损，日后找到机会，必然会报复你。因为一个人若非自愿地屈服，内心必然会固执己见。

张芳是某单位的会计，她自恃资历老、学历高，平时在单位上不仅爱和同事抬杠，也喜欢与上司顶牛。

有一次上司安排她去国税局报税，张芳认为上司不懂财务，就故意和上司抬杠，磨磨蹭蹭地迟迟不肯去。上司说："再不报税，就要被罚款了。"张芳却说："怕什么，我做了这么多年的会计还不懂？"

上司说："你是公司的员工，我安排你干什么，你就得干什么。"张芳却顶牛说："我到这个公司工作的时候，你还不知在哪里，凭什么让我听你的？"

张芳的话惹得大家议论纷纷。

"你是怎么啦？平时和我们抬抬杠就算了，居然和自己的顶头上司顶牛。"

张芳的几个贴心朋友急了，长此以往，上司肯定会给她穿小鞋，甚至炒她的鱿鱼。于是，大家决心好好劝劝她。

一天，朋友们把她叫到了咖啡馆，对她好言相劝，说："上司毕竟是上司，你这样和她抬杠，让她如何下台？"

谁知张芳更加来劲了："就我那位领导，我还用巴结她吗？"

朋友说："你不巴结可以，至少该尊重她啊！"

张芳听后反而讥讽道："就她那水平，让我如何尊重她！先说年龄，她28岁，我30岁，她不如我年长；再说学历，她是高中毕业，参加工作后混了个大专学历，我是正规院校毕业的本科生；再说工作阅历，她工作后一直和我在一个科，虽然都是科员，她的工龄却没我长，而且在当科长前一直是我的助手，我却一直是本科室的业务骨干；她一天到晚和上上下下的人搞关系，而我埋头做账。这样的人对我指手画脚，能让我服气吗？"

朋友说："这些方面人家是比你差一点儿，可人家的协调能力比你强！"

张芳说："除了协调和上级的关系外，我看她的协调能力比我强不到哪儿去！"

朋友说："人家开的小轿车总不至于比你的自行车差吧？"

张芳说："她再有钱，我也不花她的一分呀。我还是不服气！"

就这样，张芳与劝她的朋友，你一言我一语地抬杠，一句劝告的话也听不进去，最后弄得大家面面相觑，无言以对。

半年后，张芳被单位解职了。

人都有一个通病，不管有理没理，当自己的意见被别人直接反驳时，内心总是觉得不痛快，甚至会被激怒。事实上，用争论的方法不能改变别人，只会引起反感；争论所引起的愤怒常常造成人际关系的恶化，而所争论的事情依旧不会得到改善。所以，如果你不想树立对立面，而想搞好人际关系，请记住永远避免同别人争论。

女人莫做"刀子嘴"，委婉说话有人爱

直爽坦诚，虽然不失为一种优点，但如果说话过于直接，任何情况下都实话实说，就会得罪人，让自己成为不受欢迎的人。特别是在人际交往中，有什么说什么，口无遮拦，不分场合，不看谈话对象，心里想什么就说什么，这是女人说话的大忌。不讲究方式的快人快语，往往会带来不良的后果。

于淼是个海归，从高中开始，她就在国外生活，大学时又留在当地的大学学金融专业，直到毕业后才回国。多年的国外生活造就了她独立、自我、好强的个性，可是回国后，由于受到不同文化的影响，于淼在人际关系方面处理得并不好。

"我觉得有话直说才能更好地与人相处，可这在别人看来，就显得我做事有些无所顾忌了。"谈起这些，于淼有些委屈。有一次开例会，大家都在分析季度业绩，于淼所在的财务部门有位老员工，在分析数据时把细节处理得过于烦琐，做了很多无用功。在老员工发言完毕后，财务总监还没有发言，于淼就抢先发表了意见。虽然于淼都说在了点子上，可是当时的场面却让那位老员工很尴尬。

"虽然你做得很好，但也要注意场合，给别人留面子。"会后，财务总监善意地提醒于淼，可于淼却认为自己的出发点是好的，而且觉得性格直率并不是缺点，因此并没有将此事放在心上。久而久之，于淼这种率直的性格，使得同事们经常陷入尴尬境地，导致在工作中大家很难与她配合。

"我在国外的时候也是这样处理事情的，这并没有什么不好，只是大家都接受不了。"她总是这样说。为此，财务总监找她谈过很多次，可她就是改不了，依然我行我素。

诚然，直来直去的讲话固然会给人留下真诚爽朗的印象，但是如果不分情景、不分场合，一味地直言相告，这些不适当的直言就会形成一种消极的暗示，产生负面效果，不是使人产生抵触、厌倦，就是加重别人的心理负担。结果非但没有让对方接受，反而会损害人际关系，给自己造成不必要的麻烦。因此，女人要学会使用迂回的表达策略。迂回着说话可以把一些不利的因素避开，把词锋隐去，或把棱角磨平，这样更便于听者接受。

在私人场合，与知己或朋友说话时，可以直来直去，即使说错了，也无伤大雅。但在人际交往中，说话时就要特别讲究方式和分寸。此时为了不失礼仪，可以采用迂回战术，有意绕开中心话题和基本意图，从相关的事物、道理谈起，就是人们常说的兜圈子，更容易达到自己想要的效果。

南朝齐有位著名的书画家叫王僧虔，是晋代书法家王羲之的后人。他的一手行书写得如行云流水般飘逸。

当时的齐高帝萧道成也是一个翰墨高手，而且自命不凡，不乐意听别人说自己的书法成就低于臣子。王僧虔因此很受拘束，不敢显露才能。

一天，齐高帝萧道成提出要和王僧虔比试书法，君臣二人都认真地写完了一幅字。写完之后，齐高帝萧道成傲慢地问王僧虔："你说，谁为第一，谁为第二？"

若是一般的大臣，当然会立即回答说"陛下第一"或"臣不如也"。但王僧虔不愿贬低自己，明明自己的书法胜过皇帝，为什么要违心地回答呢？但他又不敢得罪皇帝，怎么办？王僧虔眼珠子一转，竟说出一句流传千古的绝妙回答："臣书，臣中第一；陛下书，帝中第一。"

他巧妙地把臣子与皇帝的书法分为两组，即"臣组"和"帝组"，并分别加以评比。这样就给皇帝戴了一顶高帽子，说他的书法是"皇帝中的第一"，既满足了皇帝的虚荣心，又维护了自己的荣誉和品格。从此皇帝更敬重他的风骨，觉得他不是那种专门拍马屁的人。

果真，齐高帝萧道成听了哈哈大笑，也不再追问两人到底谁是第一了。

在语言表达中，有的时候直来直去地说话并不能取得很好的效果，往往需要采取迂回的手段来达到说话的最终目的。对于不宜直言的问题，绕个弯儿说话，有时会让自己化险为夷，起到意想不到的效果。善于运用迂回方式说话的女人，既不得罪人，又达到了自己的目的，可谓拥有职场大智慧的人。

在现实社会里，直言不讳是一把伤人又伤己的双刃剑，而不是一种对人对己有益无害的沟通方式。如果你是一个喜欢直言不讳的女人，那么你应该注意以下两个方面：

1. 对人方面，少直言指出他人处事不当

在别人看来，这不是"爱之深，责之切"，而是和他过不去。而且，你的直言不讳也不会产生多少效用，因为每个人都有一个内心的堡垒，自我便藏在里面。你的直言不讳恰好把他的堡垒攻破，把他从堡垒里揪出来，他当然不会高兴。因此，很多话能不讲就不要讲，要讲就迂回地讲，点到为止。

2.对事方面，少去批评其中的不当

事是人计划的、人做的，因此批评了事也就批评了人，所谓"对事不对人"，其实只是障眼法。除非你能力强、地位高，否则直言不讳只会替自己带来麻烦。如果能改变结果，惹这麻烦倒还值得；如果不能，还是闭上嘴巴吧。

尊重他人的隐私，就是守住了自己的人格

生活中，有不少女性对他人的私事抱有极大的兴趣，她们一旦发现"风吹草动"，就三三两两聚在一起，叽叽喳喳讨论得好不热闹。比如某天在超市里见到张三和小李卿卿我我啦，次日听见隔壁小两口闹着要离婚啦，诸如此类的事情，她们总会不厌其烦、津津乐道，丝毫不管当事人是否乐意她们这么做。更可恶的是，这些人每每聊得兴起，还常常颠倒是非、添油加醋、胡编乱造。这些女性中，有的人也许纯属好奇闹着玩，有的则是恶意地在背后诋毁中伤，这些都对当事人的名声和形象造成了恶劣的影响。

一个叫王丽的女职员辞职后，公司便新招了一个叫李梅的女孩来顶替她。王丽的电脑自然也归李梅使用。上班没多久，李梅

第二章 为人处世：可以彰显个性，但还要适应社会

便在吃午饭时眉飞色舞地对同事说："前面那个人蛮有趣的，在电脑里留了很多小说，好感人哦！不晓得她在哪里下载的，你们要看吗？"午休时间，几个同事的邮箱里都收到了一篇"日记体小说"，第一句就是："爱上我的上司王杰，已经两年了。"这绝不是小说，李梅看不出来，同事们却一眼就发觉了。大家看完了面面相觑，有人拍拍李梅的肩："删掉这篇文章吧，以后不要提……"叫她不提，可私下里，别人怎么忍得住："王丽怎么那么粗心，走的时候都不把硬盘格式化？""她单恋了王杰那么久，王杰说不定是知道的，但是两人终究没有走到一起。她这是明摆着是让这些东西泄露出来让王杰难堪嘛！""也不一定，说不定她在等着有一天可以传到王杰耳朵里，反正他太太也不在上海……"后来，李梅在王杰手下干得一直很不开心，不到半年就辞职了。临走前，李梅没有忘记把硬盘格式化。

在上面的事例中，李梅无意之中泄露了别人的秘密，但是别的知道这个秘密的人却毫不犹豫地大谈特谈，一段时间以后，给李梅造成的无形压力就太大了，因此她不得不辞职。可见，泄露别人的隐私会造成严重的后果。即使你是无心泄露的，后果还是要由你去承担。事实上，真正聪明的女人是绝对不会把传播别人的隐私当作趣事的，对她们来说，别人的私事只不过是过眼的云烟。

每个人都是独立的个体，有自己的思想和见解，也有权保留自己的秘密和隐私。尊重别人的隐私是对别人最起码的尊重，也体现了我们自己的修养。

所谓个人隐私，是指一个人出于个人尊严或其他某些方面的考虑，而不愿为别人所知道的关于个人的事。谁都不愿意把自己的错误或隐私在公众面前曝光，一旦被曝光，就会感到难堪或恼怒。

　　刘楠是某商场服装柜台的售货员。平时除了向顾客推销衣服之外，她最喜欢做的事情就是打听别人的隐私。

　　有一次，隔壁柜台的小孙无意间向刘楠透露，对面卖鞋柜台的晓晓是个未婚妈妈，孩子的爸爸不知道到哪里去了。从此，刘楠有事没事就跑到晓晓那里去聊天，看似很关心地问孩子的近况。

　　刚开始，晓晓对刘楠的关心还挺感谢，毕竟关心她的人不多。渐渐地，晓晓发现刘楠越问越多，不仅问她是怎么跟孩子的爸爸认识的，还问她为什么孩子的爸爸不见了。晓晓认为这是非常隐私的事情，就没有跟刘楠说。刘楠问了几次都没有结果，心里不满，就把晓晓的事情告诉了其他几个人。

　　晓晓怕自己的事情传得沸沸扬扬，赶紧把刘楠叫过来，让她不要再多说。刘楠却对晓晓说："其实我也是关心你，不让我说也行，那你得告诉我孩子的爸爸究竟为什么抛弃你们娘俩。"无奈的晓晓只能吞吞吐吐地说出一些内情，这一回刘楠真的没有再出去宣扬晓晓的事情。但没过多久，刘楠又开始追问："孩子的爸爸现在在干什么？你们还有联络吗？"晓晓见刘楠越问越多，索性就不理她了，岂料刘楠把这件事情弄得商场里尽人皆知。

　　气愤不已的晓晓在后悔之余，只能辞职离开这个是非之地。

　　每个人都有自己的秘密，都有一些压在心里不愿被人知晓的事情。在与人闲聊或调侃时，哪怕感情再好，也不要去揭别人的短，把别人的隐私公布于众，更不能把别人的隐私当作笑料。如果不分场合、对象、环境和谈话内容，不做选择、毫无顾忌地谈论别人的隐私或追问别人的隐私，都是很不理智的行为，同时也会造成别人的反感。

第二章　为人处世：可以彰显个性，但还要适应社会

李鑫是一个聪明的职场女性，很讨人喜欢。她之所以有很好的人缘，是因为懂得装聋作哑，而且能够守口如瓶。同事们都爱跟她聊天，都不会担心聊过之后她会泄露什么"天机"。这样的倾听者再让人舒服不过了。

一次偶然的机会，李鑫发现了一个秘密，已婚的老板居然跟秘书有了私情。

那天，李鑫约好朋友王丽在餐厅吃晚餐。她们坐下不久，王丽发现李鑫的目光注视着刚进门的一对男女，然后刻意地想要躲避他们。王丽仔细一看，发现那是李鑫的老板和一个年轻的女孩，女孩表现出很羞涩的样子，绝对不会是老板的妻子。

王丽对李鑫说："那不是你的老板吗？要不要过去跟他打个招呼？"

"嘘！别说话！"李鑫按住王丽的手，小声对她说，"我们还是换个地方吃饭吧！"

很显然，她不想让老板知道她看到了这一幕。两个人悄悄地溜出餐馆。

那天，王丽总算知道李鑫为什么会那么讨人喜欢。因为李鑫知道哪些事情她应该感兴趣，哪些事情她不应该感兴趣。

由此可见，如果你想拥有良好的人际关系，你就要多给别人一些空间，克制住自己的好奇心，不要过于关注别人的隐私。

无数事实告诉人们，了解别人不愿说出来的隐私，对自己来说是很危险的。可是，有时尽管我们不曾主动去打听别人的隐私，无意间看见或听见了，这时候应该怎么办呢？最巧妙的做法就是假装没有注意到。

事实上，人与人之间的关系是相当复杂的，如果你以谈论别人的隐私为乐，最后极有可能招惹是非，而且给人造成一种"你是个不值得信赖的

人"的印象。如此一来，你的形象将大打折扣，别人会处处防着你，你的人际关系也会变得一团糟。

做一个外圆内方的女人

古代的铜钱为什么做成外圆内方？因为古人懂得一个非常朴素的道理，一个人只有学会外圆内方，才能有很好的人缘，大家才会喜欢你。

水是大自然中某种能量的象征。它很清楚自己不具备山的硬朗、风的飘逸和云的超然，于是便选择了灵活和柔韧。从偎依着崇山峻岭的小溪流水到"飞流直下三千尺"的悬泉瀑布，从"大江东去浪淘尽，卷起千堆雪"的大江到波涛汹涌的大海，无不体现着水的灵动。如果说"山不转水转"是对水的灵活性的诠释，那么"取象于钱，外圆内方"就是对为人处世的规则的诠释。

古人云："天行健，君子以自强不息；地势坤，君子以厚德载物。"可见，方圆处世的谋略是一种大智慧，顺应了天地万物生生不息的规律。

现实中，一个人如果过分方方正正，棱角分明，必然会四处碰壁，头破血流；一个人如果八面玲珑，圆滑透顶，就会给人华而不实的感觉。因此，情商高的女人懂得方圆有度，刚柔并济。

外圆内方的处世艺术，是聪明女人的一种为人智慧，要成功地驾驭"方圆"之道，关键是个人注重自身的修炼，做足"方"与"圆"的修养功夫。

　　某单位新来了一位女同事，她硕士学历，工作能力强，对工作态度积极，对同事充满热情。刚开始大家都非常喜欢这位新来的女同事，觉得人家学历高，办事能力强，都愿意跟她打交道。可慢慢地大家开始疏远这位女同事，女同事自己还觉得纳闷，觉得大家都在跟她作对，都对她有意见，她的工作能力得不到正常发挥。她感觉工作越来越没劲，但始终找不到原因。

　　某日，这位女同事跟一位大姐聊天，这位大姐把自己的经历讲给这位女同事听，说自己刚工作时也跟她一样，热情、积极、直肠子。看到不顺眼的事或是同事做得不好的地方就一股脑全部说出来。遇到领导批评，如果认为不是自己的错，就会在会上跟领导论个对错。慢慢地，同事们开始疏远她，领导对她也不信任，不愿分配工作给她。连续换了三家单位，都是如此。后来她自己悟出来一个道理，做女人要学会外圆内方。如果外表太死板，会让人感觉你是个死脑筋，认死理，不合群。但也不能太圆滑，特别是作为一个女人，外表圆滑往往让人产生不好的想法。"外圆内方"就是说外表永远是合群的，但真实的想法永远在自己心中，不要随便表现出来。

　　在以后的工作中，她遇到同事做得不好的地方总是委婉地提醒，不再像以前那样直接说出来。比如说，单位的同事老拿公司固定电话打长途，害得有很多客户都打不进来电话。要是在以前她一定会说："公司的电话不是你自己家的，要打回家打去，要不然客户电话都打不进来。"现在她却在与同事聊天时委婉地提醒一句："最近我们客户反映电话老打不进来，也不知道是不是电话机出了问题？"此后同事再也没拿公司电话打长途，既给足同事面子，也解决了问题，何乐而不为呢？对于领导的无理批评，她也不再像以前那样在会上一味辩解，而是在会下与领导沟通。这样一来既在全公司人面前给领导留了面子，也让领导知道是自己误解了下属，对她更加信任，分配的工作也慢慢多起来。

这位女同事听完后恍然大悟，原来是自己说话太直接伤到了同事。在以后的工作中，她改掉了过去的"直肠子"，同事们又开始亲近她了。

这个故事告诉我们，聪明的女人要学会自我管理，控制自己身上那种非常直接的、冲动的、情绪化的个性。讲话的时候先想一想，这样讲合不合适，会不会伤到人，会不会影响到别人的感受。学会讲话委婉一些，不要像刺猬一样动不动就去扎人，既伤人又伤己。这就是外圆内方的智慧，运用好"方圆"之理，必能无往不胜，所向披靡，无论是前进还是后退，都能泰然自若，不为世人的眼光和评论所左右。

外圆内方的人，有忍的精神，有让的胸怀，有貌似糊涂的智慧，有脸上挂着笑的哭，有表面看是错的对……

掌握方圆之道，是情商高的一种表现。圆有余而方不足，则缺乏做人应有的骨气、正气；圆不足而方有余，则极刚易折，难免经常碰壁。把圆与方结合起来，做到当方则方，当圆即圆，方圆有度，就一定能把人做好，把事办好。

北宋初期，太宗、真宗当政时，张咏曾两次督蜀，政绩显著，深得民心。他第一次督蜀离任的时候，蜀地百姓强行拦住张咏，不让他离开，朝中的使者无法，只得如实回复。太宗听了之后，再次下令让张乐督蜀，并且赞叹地说："咏在蜀，吾无西顾之忧也！"

张咏第一次去四川赴任的时候，恰好赶上了饥民暴动，朝廷派遣王继恩、上官正两人领兵前来平叛。然而，两个人一到益州，就在那个地方花天酒地地享乐起来，也不约束部下，以至兵卒到处奸淫掳掠，什么坏事都做。作为蜀郡的行政长官，张咏对平叛的军队没有管理的权限，却有管理当地治安的权力。所以，他就下了一道律令，凡是扰民者，一律按暴徒当场斩首，并让人将律令张贴各处，让所有的人都知道。

　　然而，这道律令刚发下来的那天，张咏的手下便捉住了几个掠夺财物的士兵，问张咏应该怎样处罚他们。张咏对部下说："你们只要依照命令行事就行了，不要报到我这里。我可是什么都不知道啊！"部下明白了他的用意。原来张咏为了不得罪王继恩和上官正，又要维持好治安，因此才下了这道律令。王继恩、上官正一旦计较起来，张咏也好推说不知。果然，第二天王继恩就找上门来，责问张咏说："你的属下有什么权利杀死我的士兵？"张咏虚张声势地说："王将军，这件事情我一点儿都不知晓，请你不要生气，事后我一定要查清此事情！"接着张咏又说道，"听说有些兵卒胡作非为，什么坏事都做，要是部下按律令把他们当成暴徒处置了，我也一点办法也没有啊！"王继恩看到张咏一脸正气，又不敢发作，只得不了了之。城内的治安才逐渐好起来了。

　　又过了月余，王继恩和上官正仍然还没有出兵的意思。张咏假如向朝廷汇报这件事情，一定会得罪这两个人，说不定事情会变得更糟糕。他灵机一动，有了办法。有一天，张咏在军帐中设宴款待二人。张咏说："知道我今天为什么要宴请二位和诸将校吗？我今天为二位摆下的是饯行酒啊！"王继恩和上官正两个人都不理解他的意思，正要询问，张咏却抛开了二人，端着酒杯对帐下的军校们说："今天我在这里为诸位饯行，你们蒙受国家厚恩，为国效力，就在这个时候，正是大家推卸不掉的责任啊！诸位此行，追随二位将军，当直抵寇垒，平荡丑类，建功立勋，以报皇恩。假如在此地一直这样耽搁下去，朝廷怪罪下来，此地还是你们死亡的所在啊！"一番话说得众军校激昂慷慨。王继恩和上官正看到了这样的形势，知道张咏表面上是在激励众将士，但潜台词却是在责备自己啊！二人自知理亏，也只好顺势而为，齐声道："今日蒙张蜀督相送，明日定当直捣贼窝。"第二天，二人便率军出征，果然获得了胜利。

暴乱是平息下来了，王继恩和上官正擒获了很多参加叛乱的人，押到益州之后，准备以此邀功。张咏却立即向朝廷提出了意见，请求速下赦令，使其尽快各归其家，以彰显皇恩浩荡。王继恩和上官正两个人都十分生气，张咏解释道："昔日贼寇掳掠之际，百姓有一大部分都是被迫胁从的。我们把贼首杀了，其余的人便应该以平民待之。这样可以安抚民心，使其各归其家，安心种田，休养生息。正是昔日李顺协民为贼，今日我等还贼为民啊！还有比这更大的功劳吗？如果杀了他们，藏匿在山中的人一定不敢回家，时间长了必然会再发生变化。这哪里是你我所期待发生的事呢？"一番语重心长的话把两个人说得心服口服，点头称是。

其实，张咏在年轻时，也是一个性急固执、刚愎自用的人，崇尚严猛治世的方略。有一次，他手下有一位小吏犯了错误不愿意承认，张咏一气之下，竟然把小吏枷起来，当给小吏去枷的时候，小吏非常生气地说："若要想将此枷从我脖子上去掉，除非砍掉我的头！"张咏听到这番话，更加生气了，真的就一刀将小吏的头砍了下来。为了此事张咏受到了严厉的处分。后来他入朝做官，曾经得人指点："事君者，廉不言贫，勤不言苦，忠不言己效，公不言己能。只有这样做官，才能够上得天时，下得人和啊！"后来这些话张咏一直都牢记在心，办事总是在不失原则性的情况下灵活地处理，以平和的心态把所有的事情都处理好。这一点就是皇帝最为赏识的，所以皇帝才说："咏在蜀，吾无西顾之忧也！"张咏下得百姓的爱戴，中间又和同事之间相处得非常融洽。他虽然一身正气，却不是疾恶如仇，既办了好事，也不损伤同事的利益。无论是上级还是下级对他都充满了信任，这些不都是得益于他灵活处世的艺术吗？

由此可见，一个人要想拥有成功的人生，无论做事还是做人，无论对人还是对己，都要圆中有方，方中有圆，都要方中做人，圆中归真。正所谓智欲圆而行欲方。我们不仅要坚守原则，以不变应万变，而且要有高度的灵活性，具体情况具体分析，以求得最佳的解决方式。这就是"方圆"之道。情商高的女人善于运用这种处世的谋略，做到八面玲珑，左右逢源。

"外圆内方"，是一种做人的智慧，是坚定性与灵活性的结合，是原则与策略的统一。"方"是做人之根本，"圆"是立世之大道。为人处世可外圆内方，方与圆要各守疆界，才能恰到好处。掌握好人生的方与圆，也就把握好了人生的度。方中有圆，圆中存方，方方圆圆，方圆相济。这就是女人处世之理想境界。

女人可以不漂亮，但不可以不善良

曾经有一家杂志社组织过一个讨论会，主题是"什么样的女人最让人喜欢"。答案五花八门，什么都有。

有人说："我喜欢漂亮的女人。因为漂亮的女人使我赏心悦目，就好像看到了一处美丽的风景。此外，如果能娶漂亮的女人为妻，在自己内心满足的同时，不也是在向世人证明自己的魅力吗？"

情商高的女人受欢迎

　　有人说："我喜欢聪慧的女人。因为聪慧的女人能令我心智大开，跟她们在一起常常使我获益匪浅，感受智慧的魅力。那是一种真正的愉悦。何况，和她们出去办事、见人，可以得到一种轻松与默契，那岂不也是一种愉悦？"

　　到底什么样的女人最让人喜欢，大家七嘴八舌，各抒己见，但最终讨论的结果是：善良的女人最让人喜欢。其中有一位参与者的发言赢得了最热烈的掌声。

　　他说："比方说我的母亲吧。她已去世好多年了，我还是会常常念起她的。她年轻时的照片我见过，按照一般的社会评价标准，应该是比较漂亮的，何况她又是我的母亲，自然觉得她很美。然而，有一次我忽然发现，我对她的回忆竟主要是她的善良！在我的记忆中，只要有讨饭的人路过我家门口，我母亲总是请他们进屋，端来热水请他们洗手洗脸，然后拿热好的一碗饭和一盘菜让他们吃。有一次，一位单身女子讨饭到我家，我母亲请她吃饭，和她聊天。母亲得知她死了丈夫又受公婆和小姑子的气才逃了出来，听得两眼潮潮的，随后让她在我家洗了澡，然后张罗着把我们村上的一个单身汉介绍给她，后来因为两个人不合适才作罢。送那女子走的时候，我母亲还把自己的衣服给了她。"

　　善良是女人最宝贵的品德。美国著名诗人普拉斯说："魅力是一种能使人愉悦的迷人的品质。它不像水龙头那样随开随关，而是像根丝一样巧妙地编织在性格里。它闪闪发光，光明灿烂，经久不灭。"这种魅力就是善良。女人可以不漂亮，但不可以不善良。善良的女人一般性格温和，乐于助人，由于能够理解体谅别人的痛苦，较少计较自己的得失，反而显得坚强、开朗，容易保持心理平衡。

　　善良是一种境界，是一种人生的修养的体现。《道德经》中说："天道无亲，常与善人。"这告诉我们，在个人的修行上，不仅要独善其身，还要善心常在；与人交往时，讲究与人为善，乐善好施；在为人处事方面，强调心存善意、善待他人。心怀善念，不仅是一种善良，是一种智慧，任何时候与人为善都是明智的选择。

美国作家马克·吐温把善良称为"一种世界通用的语言"，它可以使盲人"看到"，聋子"听到"。善良是女人与生俱来的特质，是女人身上最耀眼的一道光芒。

善良本身就是一种美，这种美是发自内心的，不需要包装，也不需要伪装。善良可以使人内心充实，女人更需要善良，它不仅充实着内心，还会让她散发光彩。善良是一种看不见、摸不着的东西，它需要用心来感受，纯真热情就是一种善良。

有个大学刚毕业的女孩，因为学的专业比较冷门，一直没有找到合适的工作。她平时待人很好，在街坊邻居中极有人缘。不久，她便在亲戚朋友的帮助下，在服装市场旁边开了一家饭店。

饭店刚开张时，生意较为冷清，全靠以前的同学和朋友关照。后来，由于女孩忠厚老实，热情又公道，小饭店渐渐有了回头客，生意也一天一天好起来。几乎每到中午吃饭的时间，小镇上的五六个乞丐都会相继光顾这里。客人们常对她说："快把他们轰走吧，这些都是好吃懒做的人，别可怜他们！"

可女孩总是笑笑说："算了吧，谁还没个难处？再说看他们风餐露宿，也挺可怜的。"人们都说，她太善良了，从未见过小镇上其他店主能够像她那样宽容平和地对待这些肮脏不堪的乞丐。她每次都会微笑着给他们的饭盆里盛满热饭热菜，而且大多是从厨房里取出来的新鲜饭菜。更让人感动的是，在她的施舍过程中，没有丝毫的做作。

半年之后，这个女孩便被当地的一位家企业家娶回了家，找到了一

情商高的女人受欢迎

个极好的归宿。打动那位企业家的就是这个女孩的一颗善良的心。

善良的女人是最美丽的，因为善良是从内心深处散发出来的美。这样的女人不需要有漂亮的脸蛋，也不需要出众的气质和魔鬼身材，即便她在平淡的生活中也能展现出自己的美，让周围的人感受到她的魅力。而一个不善良的女人纵使闭月羞花、沉鱼落雁、风情万种，纵使家财万贯、事业腾达、叱咤商场，纵使聪颖机智、天资过人、多才多艺，也毫无魅力可言。善良是一块试金石，没有了善良，拥有再多也会失去；拥有了善良，即使什么都没有也能活得幸福，也能得到所有人的爱戴和尊重。

作为一个女人，你不会永远年轻，容颜总会老去，这是人生的自然现象，谁都无法回避。花无百日红，这是亘古不变的哲理。所以不能只看到花儿妖娆之时的得意忘形，要想到有一天花儿会凋零；不能在年轻之时无所顾忌，要想想自己有一天会老去；花儿谢了留给人们的还有那一抹淡淡的清香，人老了留给人们的只有那一份善良。因为一个人只有善良，才会得到世人的认可；只有善良，才是女人由内而外的独特魅力。善良的女人受到伤害时会得到同情；善良的女人为他人所做的付出与牺牲会让人敬重！

第三章　心灵选择：

抛开感性，保持理性

女人不要感情用事

人们劝导别人不要感情用事。这话说得简单，可真正做到理性地思考，又谈何容易。

女人天生是感性的，感情在给女人带来细腻和灵感的同时，也会泛滥为情绪。假如这种情绪得不到适当的处理，就会影响日常的生活和工作，甚至破坏人际关系。

韩宁是某公司新来的员工，温文尔雅，笑容腼腆。进公司的第一天，他就被员工周媛媛视为白马王子，可以说周媛媛对韩宁是一见钟情。通过不断的接触，韩宁感受到周媛媛对自己的喜欢，由于不想给她的爱情之火泼冷水，就决定和她交往一段时间看看。

可是在深入了解之后，韩宁发现周媛媛对自己的爱有些过分，每天都要发信息说一些"想念你"之类的情话，即使天天见面，晚上还是要他给她打电话。而且，周媛媛每天都会拉着韩宁一起吃饭，吃什么买什么还总是询问他的意见。这样看似是对韩宁的尊重，却让他接受不了。由于韩宁是一个刚进公司的新员工，周媛媛总是这样"霸占"着自己，自己根本就没有时间和别的同事相处和沟通。

于是，韩宁就和周媛媛说了自己的想法，希望她以后收敛自己的热情，换一种相处方式。谁知沉浸在"火热"爱情中的周媛媛竟然误解了韩宁的意思，以为他要和自己分手，就大吵大闹、哭哭啼啼，问韩宁自己到底哪里做得不好。情绪激动之下，周媛媛竟然还威胁韩宁说自己要跳楼。

最后，经过韩宁以及其他同事的劝说和制止，周媛媛没有做出荒唐事，否则后果不堪设想。但是，对于两人日后的感情，韩宁已经不抱什么期望了。

不可否认，对于爱情，谁都有激情和冲动的一面，但对于这种激情和冲动，我们要把握好分寸，别把爱情的火焰烧得太旺，吓退对方。故事中的周媛媛因为感情用事，以跳楼相威胁，使得一段美好的姻缘就此画上了句号。这不得不引起女性朋友们的反思，感情用事永远解决不了问题。所以，无论是对于爱情还是其他任何事情，我们一定要保持理智。

每个人都有七情六欲，不管你喜不喜欢，感情始终是生活中不可回避的一部分。它像一只无形的手，不时地在左右着你对各种事情的处理。但是，一个真正有理智的人，无论在处理什么事情的时候都不会感情用事，或者让感情控制住自己，相反，他会用理性支配自己的行为。

人都有感情，但感情的表现绝不是体现在感情用事上。感情用事者往往以感情代替原则，想怎么干就怎么干，不能用理智控制自己，结果出了事情后悔莫及。

能否理智地驾驭自己的情感，也是一个人心智成熟的重要标志。感情用事者不仅会远离成功，还会因为自己的不成熟给别人带去伤害、给自己招来祸端。

自古至今，有很多感情用事的人，他们遇事很容易凭冲动、凭自己的主观印象去判断、处理问题，而不是理智、冷静地去分析，然后寻找解决的办法。

西楚霸王项羽不采纳亚父范增的建议，感情用事地放走刘邦，最终难成大事，虞姬香消玉殒，霸王自刎于乌江。这样的例子不胜枚举。

关云长大意失荆州，败走麦城，身亡于围困之中。张飞在阆中，闻知关公被害，旦夕哭泣，立誓为关公报仇，于是下令限三日内制白旗白甲，三军挂孝伐吴。范疆、张达禀告说："白旗白甲，一时之间无法制造出来，需要宽限几日。"张飞大怒："若违了期限，就杀你们二人示众！"二将回到营中商议："如果三日之内完成不了任务，我们两人都会被杀头，与其他杀我们，不如我们杀他。"于是初更时分，范疆、张达各藏短刀，来个先下手为强，终使张飞饮恨身亡。

上述这些可以说是感情用事的典型例子。所以，遇到事情，不管是大事还是小事，千万要冷静，保持理性，切不可感情用事。

感情用事的人大多是因为遇事欠冷静。实际上，遇事冷静地考虑一下，可能会找到更好的解决办法，效果通常是好的。比如，当你的朋友因为某个问题与你争吵起来，你可能理由很充分，但你的朋友却不讲理，而且对你步步相逼，这时你很可能压抑不住自己，想骂人。如果这时你强迫自己冷静一下，控制住自己的感情，或是暂时避开一会儿，等对方也平静下来，再与他讲道理，你既可以不失去这个朋友，而且还可以表现出你的大度。相反，假如你控制不住自己，对朋友对抗到底，失去朋友不说，你还可能酿成恶果，得不偿失。

露西在一家咖啡店工作，她的丈夫在一所大学读博士。终于，她的丈夫毕业的日子要到了。朋友们都要赶来参加他的毕业典礼，而露西也为那天做了许多计划。

这天下班后，露西兴高采烈地对老板说："我要在感恩节后的那个星期六休假。我丈夫要毕业了，我要去参加他的毕业典礼！"

让露西想不到的是，老板并没有同意请假。"对不起，露西，"老板说，"你也知道，感恩节后的周末是我们最忙碌的时间，我需要你在这儿。"

虽然露西知道老板说的是事实，但她还是无法相信老板会如此不近人情。"可我们等这天已经等了五年了！而且，毕业典礼只有一次！"她辩解说，声音因激动而发颤。

"当然，我知道这对于你们很重要，可是……"

还没等老板说完，露西就生气地说："我根本就不能来！"她的脸色因愤怒而变得很难看，"我不会来的！"她咆哮着冲了出去。

后来的那些天，露西一直对老板不理不睬。他问她话时，她也只是用三言两语冷漠地应答，不像以前那样轻松地开玩笑。他们的关系越来越僵，虽然老板看起来依旧每天对露西笑脸相迎，但他的心里也很不舒服。而露西也铁了心，一定要请一天假。

两个人就这样冷战了一个星期，咖啡店里的气氛也很尴尬。终于，这天老板问露西是否愿意和他单独谈谈。于是他们坐了下来，露西心里想："老板一定是想解雇我，他不可能任我这样轻视他而无动于衷。"

但是，让露西想不到的是，老板平静地说："你可以在那天休假，我不想因此让你我之间有任何不快，毕竟你为店里做了很多工作。"

露西惊讶地看着他，不知道该说什么，她为自己孩子气的行为而感到羞愧。"谢谢。我不应该为请假的事和你生气，对不起。"她终于挤出了这样一句话。

这件事令露西终生难忘，这位宽容大度的老板后来成了她一辈子的朋友。

感情成熟的人一般都很理智，能够控制自己的感情，而绝不会感情用事。不把自己的意志强加于人，不因自己的悲喜而改变生活的原则，以宽容的态度对待别人的言行，以成熟的心智判断生活中的是是非非，这是一种高尚的人格修养，也是一种百炼成钢的大智慧。所以我们应该注意培养自己的感情，让它逐步成熟起来。

那么，什么样的人才算感情成熟的人呢？有三个标准：第一，感情成熟的人并不在幻想中自我陶醉，能面对现实，勇于接受挑战，对前途不过分乐观或悲观，持审慎的态度，不依靠直觉做决定，而是从实际出发，因而能做出正确的判断。第二，感情成熟的人，没有孩提时代的依赖性，能自重自爱、自立自强，遇到困难，自行解决，不乞求他人的同情与怜淡。因为性情恬淡，所以得失两忘，享得了繁华，耐得住寂寞。第三，感情成熟的人，能冷静地支配感情，也能有效地控制它。因此他的感情像陈年的花雕，是那么清醇馥郁；又如经霜的寒梅，是那么冷艳芬芳。

以上三点虽然不能全面地概括感情成熟的人，但作为一般人衡量自己的标准，还是适用的。

感情就像六月的天气、孩子的脸，是最容易变的。生活在这个瞬息万变的世界里，女人要想获得良好的人际关系、事业的成功及幸福的生活，应该抛开感性，保持理性；多一些理性思考，少一些感情用事。

唯有宽容，可以消除痛苦

常言道："身安不如心安，屋宽不如心宽。"宽容，是一种美德，它让人与人之间的关系变得更近。尤其是女性的宽容，更让人感动和怜爱。

宽容是女人在为人处事时不可中不可缺少的一种"黄金心态"，是一个女人内在品质的反映。宽容可以让人包容朋友，可以化解冲突，可以把

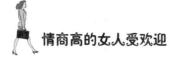
事情办得更加圆满。

宽容也是女人提升自己、宽以待人的一种涵养。退一步海阔天空，没有什么事情非要弄到两败俱伤不可，退一步不是让女人放弃原则，该坚持的原则就要坚持，但是在人和人之间的相处上，不必事事争高低、分主次。主动退一步，表现自己对对方的宽容，才是解决矛盾最好的办法。

在亲人之间，偶尔也会有争吵发生，宽容会让对方倍感温馨祥和，心中的依恋也越来越浓；在朋友之间，即使有些磕磕碰碰，因为心怀宽容，常常能化解双方的矛盾，于是宽容成了彼此友谊的桥梁；在两个相爱的人之间，宽容是爱的心声，当爱人间出现口角的时候，宽容消除了两人之间的不和谐因素，让爱变得甜蜜、长久。宽容的女人能给生活充分的空间，让人生具有张力和弹性，这是一种真正有智慧的处事方式。

试着用仁慈的宽容之心去对待别人的过失，用感恩的心去对待身边的人，你就会少一些人生的遗憾。亲情、友情、爱情，想维系这些我们生命中最重要的感情，就要学会宽容。不要因为谁伤害过你，就沉溺于痛苦的回忆中不能自拔，收起悲伤，原谅他吧，这样你也会收获更多的快乐。学会了包容他人，你就真正地拥有了开阔的心胸，活得更加坦然。

赵女士是李女士的远房亲戚。一天，赵女士来找李女士借钱，说是自己的丈夫因遇到车祸，脾破裂住进了医院。李女士当时从感情上无法接受赵女士。见到了赵女士，20多年前的往事又浮现在李女士的眼前，怨恨和气愤使李女士无法接纳赵女士，甚至不想让赵女士走进家门。因为在20多年前，是李女士借钱给赵女士的丈夫，赵女士的丈夫才有钱办婚礼。可当李女士遇到困难、急需用钱时，她只想要回借给赵女士丈夫的钱。而赵女士死活不认账，而且当李女士的母亲去要钱时，赵女士竟然还对年近70的老人动了手。李女士后来听了母亲的述说，心里难过极了。钱借给了别人，老母亲去要债，结果还被人家打了！为了不让母亲难过，她决定不要这笔钱了。多少年过去了，一提起这件事她仍气愤难当。今天，赵女士竟然还有脸来借钱！

后来，在赵女士吃饭的时候，李女士顺手拿起一本杂志坐在客厅的沙发上看，杂志上的一段话对她启发很大："人世间最宝贵是宽容，宽容是世界上稀有珍珠。善于宽容的人，总是在播种阳光和雨露，医治人们心灵和肉体的创伤。同宽容的人接触，智慧得到启迪，灵魂变得高尚，襟怀更加宽广。"

等到赵女士吃完饭走进客厅时，李女士想："按照她的品行，我不应该同情她。但过去的事已经过去了，再提也没有什么意义，何况母亲已经不在了。我怎么能和他们一般见识？我应该学会宽容，做一个宽容大度的人，原谅他们的过错。现在她的丈夫生命垂危，我不能见死不救。"想到这里，她跑进屋里，拿了1000元交给了赵女士。李女士诚恳地说："这钱拿去给你丈夫治病，不要你还了。"她知道赵女士没有能力还钱，起码在这几年内是不可能还钱的。另外，李女士又给了赵女士价值500元钱的保健品，让赵女士的丈夫手术后好好调养。赵女士当时非常震惊和感动，扑通一声就跪在地上，泪流满面地说："姐，我对不起您！我们欠您的钱，包括以前的钱，我这辈子还不了，来世还给您。您的大恩大德我一辈子也报答不完，我给您磕头。"李女士看到赵女士那个样子，悲喜交集，眼泪情不自禁地流出来，她的心情是复杂的，说不清是爱还是恨。

那件事情发生以后，李女士的心情轻松了不少。李女士学会了宽容，她想，一生中最恨的人，自己都能原谅，还有什么做不到的事呢！

宽容之于爱，正如和风之于春日，阳光之于冬天，它是人类灵魂里的一道美丽的风景。有了博大的胸怀和包容一切的心灵，宽容自然会化成无穷的力量。宽容能使你活得轻松，使你的生活更加快乐。

法国著名作家雨果说过："世界上最宽广的是大海，比大海更宽广的

是天空，比天空更广阔的是人的胸怀。"当女人以一种宽容的心态看待周围的事，以一颗仁爱的心对待这个多样纷杂的社会，以一种宽厚的胸怀接受这个不完美的世界时，女人就会迸发出生命的力量和光芒。

适当示弱是一种大智慧

所谓示弱，从某种角度来说就是忍耐、退让、宽容。面对无法改变的现实，有时"退一步海阔天空"。每个人都有自己的个性和棱角，学会示弱便能避免过多的碰撞。示弱往往就表现在相互躲避对方的棱角。

在现实生活中，我们都喜欢逞强而不甘示弱，我们宁可两败俱伤，也不愿向对方低下头。但冷静下来，我们不难发现，在强手如林的竞争中，我们常常因为争强好胜忽略了示弱，使自己举步维艰。

当今社会，很多年轻女孩提倡张扬个性、展示魅力、表现自我。这原本是积极的、向上的，但在许多场合，过度强调个人、过分张扬个性，反而会适得其反。

王梦瑶是一所名校的高才生。在一家大型房地产公司的招聘会上，她以靓丽的外貌、出众的口才技压群雄，成为该公司销售部的业务员。

老板还专门送她和其他的几位新人去接受培训。如果上手快，他们以后就会是公司业务的台柱子。

王梦瑶不仅美丽，人也很聪颖。培训完回到公司后，老板让公司的前辈安大姐带王梦瑶跑销售。起初，王梦瑶出于对前辈的尊敬，有了问题，时常会向安大姐请教。

王梦瑶很快进入了角色，她那原本孤傲的性情开始暴露出来。

"安大姐，这么简单的电脑程序你怎么都不会用呀？这多么简单呀！"

"大姐，你这套衣服搭配得不协调，客户见了会说我们公司员工缺乏品位。"

"老安，老缠着客人不妥吧？热情过头有时会适得其反啊！"

本来安大姐对接纳这位才女就心存疑虑，没想到王梦瑶这么快就对自己颐指气使了。安大姐是那种修养极好的人，表面上虽不动声色，但已经对王梦瑶筑起了一道心理防线。

依仗着自己刚刚建立起来的客户网，王梦瑶瞧不起其他几位新人。她觉得自己适应能力强、起点高，加上又有老板对她的器重，她自信能很快就会成为老板的得力助手。

于是，自我感觉良好的王梦瑶非常傲慢，几乎毫无顾忌地与所有人争夺客户，锋芒毕露。其做派和咄咄逼人的竞争架势令新老同事们避之唯恐不及。

果然，在年终总结会上，王梦瑶销出去的楼盘是最多的，业绩当然也是最突出的。老板对她的能力十分欣赏，有意提拔她当销售部经理。但是，当老板想了解下属们对王梦瑶的评价时，大家要么闪烁其词，要么沉默不语。

同事们最后达成一致：他们不会欢迎这位冷美人来当"领头羊"。因为在她的手下办事，肯定有一种芒刺在背的感觉。

老板虽然是说话算数的人，可是不得不考虑大部分人的意见，最终，他只得放弃了提拔王梦瑶的想法。这样的结果是在王梦瑶意料之外的，她原以为自己升职是稳操胜券的事。

于是，百思不解的王梦瑶找到老板询问，老板说："你的能力固然是有目共睹的，不过，强势也不必一定要在压倒别人的时候才能显现。如果我们要取得真正意义上的成功，仅仅依赖某个人的单打独斗是不够的，必须要靠团队精神和众志成城的凝聚力。"

老板的话是比较委婉的，聪明的王梦瑶怎么能不明白呢？

现实生活中，常常有一些女性朋友像故事中王梦瑶一样，常常喜欢示威、逞强，以"毫不示弱"来标榜自己。殊不知显示强大不一定强大，"毫不示弱"反而使自己致命的短处暴露无遗。这种人尽管能得一时之利，却难以成为最终的成功者。没有人是万能的，再聪明能干的女人，有时也得学会低下高傲而美丽的头颅，学会适度地示弱，适时地承认自己不足的一面，才能争取到更广阔的发展空间。所以，聪明的女人要学会示弱，不要逞强。逞强是人人都会的，示弱却只有少数人才会，因为这更需要智慧和勇气。

其实，不仅在职场上，在家庭生活、人际交往、为人处世方面，一个懂得适度示弱的女人，才显得更加真实、诚恳、可爱。不肯示弱，或者明明很柔弱，却一定要硬撑着以强大的假象示人，除了让人觉得你虚伪、做作外，还显得可怜和可笑。我们在平常的生活中，学会适度示弱，能达到逞强无法达到的效果。

石惠在和闺蜜聊天时，提到她是家里最弱的一个。闺蜜有些不解："凭你的硕士学位和高薪，怎么会是这样呢？"石惠笑着说出了自己的"妻子示弱理论"。她的理论就是在现代的婚姻生活中，妻子不妨主动示弱，让丈夫处于家庭的核心地位，鼓励和支持他，让他有责任地为事业、为家庭去奋斗。闺蜜饶有兴趣地问："你是怎么示弱的？"石惠说，即使她哪个月发了奖金或者由于其他的原因收入比丈夫多，她也不会去炫耀，只是把钱收起来，不告诉丈夫，不会给他压力；生活中适当地装糊涂，让丈夫觉得她需要照顾，需要丈夫的呵护，需要丈夫这个主心骨；在家务上，她多担待一些，给丈夫时间，让他去学习和工作，贮存继续发展的能量。虽然石惠和丈夫已经结婚多年，但两人的感情依旧如初，这与石惠懂得示弱是分不开的。

与其说女人是天生的弱者，不如说示弱是女人最高的智慧。女人学会在婚姻生活中低头，懂得主动示弱，纷争和矛盾就能轻松地化解。

示弱，从表面上看来给人以一种懦弱和卑微的感觉，但事实上并非如此。有时，适当的示弱是一种做人的哲学，是人生的大智慧、大境界。生活中向人示弱，我们可以避免小不忍而乱大谋；工作中向人示弱，我们可以收敛锋芒，蓄势待发。强者示弱，可以展示你的博大胸襟，赢得更多人的喜爱；弱者示弱，可以让你逐渐变得强大，在变强的过程中，而让你不至于腹背受敌、伤痕累累。

示弱是一种心态，是一种境界，更是一种大智慧。它会赋予女人平和的生活态度，也会让女人更多地发现生活的美好。张爱玲说过："善于低头的女人，是厉害的女人。"善于低头不是一味低头，而是适度示弱；不是无原则的软弱退让、屈膝投降，而是在一定限度内寻求妥协与合作。成功的女人都懂得在适当的时候示弱，因为这是她们立于不败之地的法宝之一。

没有忍耐，就没有成功

古人云："忍人之所不能忍，才能为人所不能为。"古今中外成大事者，都有忍的品质。忍是强者的处世态度，也是弱者的生存法宝。忍一时风平浪静，退一步海阔天空。一个女人，如果遇到事情能忍，忍住委屈、忍住泪水、忍住怒气，继续前进，那么事情常常会取得意想不到的好结果。

孙俪大学毕业后，在一家外企公关部门负责宣传工作。这原本是一份相当不错的工作，压力不大，收入也很高，她在短短的两个月的时间里攒下了大约一万元的存款——在她一帮正在努力为养活自己而奋斗的同学当中，可是一个惊人的数字。但就是这样一份工作，孙俪却轻易辞掉了。

当孙俪拎着行李搬出单位宿舍到同学家里借住的时候，大家都被这起毫无征兆的辞职事件吓了一跳。一位同学问她为什么突然辞职，她说："你问我辞职的原因啊？那天挨了领导几句批评，觉得我们单位领导一直都对我不满意，一时冲动，就辞职了。我现在也有点后悔，觉得自己太幼稚，什么退路都没有就辞职了。"

但后悔也晚了，现在的孙俪仍然在到处找工作。她想找一份待遇和工作性质和原来差不多的工作，但参加了好几家公司的面试，却高不成低不就，只好继续找工作。

俗话说："忍字心头一把刀，一事当前忍为高。"聪明的女人应该学会忍耐，因为社会并不是一个可以由着你任性的地方，就算有大小姐脾气也要收敛起来。人在矮檐下，哪能不低头。职场不比家里，没有人会像父母一样疼爱你、包容你，我们不仅要忍耐工作中的苦和累，更要忍耐上级和同事给你的压力。

忍耐不是弱者的表现，它是强者的选择。忍耐，是一个人对理想、目标顽强追求的具体表现。当陷入无法掌控的困境之时，要心平气和地接纳这种弱势，在弱势的基础上积累实力，发愤图强，使自己慢慢脱离弱者的不利地位，适时出击，争取赢得新的成功的机会。

王树彤是一个文静秀丽、个子不高甚至有些娇弱的女人。不管怎样看，你都很难把这个柔弱的女子与卓越网惊人的业绩联系起来。然而，正是这位娇弱的女性让卓越网从无到有、由小变大，一度成为中国最大的网上音像店。可以说，卓越网成长的每一步都与王树彤骨子里特有的女性的"忍"密不可分。

王树彤的理智和忍耐是让人佩服的，尤其是在8848等一批曾经名噪一时的商务网站纷纷倒闭的那段时间，卓越网几乎是在人们的反对与质疑声中艰难地向前行进着。王树彤承受着各方面巨大的压力，她忍耐着、坚持着，没有放弃、没有退缩，直至取得后来不俗的成绩。据有关资料统计，卓越网一天最多能卖出五千多套产品，而且，一套共11本的《加菲猫》三个月的网上销量等于西单图书大厦相同产品5年的总销量，一套由11张VCD组成的《东京爱情故事》一个月的销量是北京音像批发中心同一产品两个月的总进货量。在一份统计报告中，卓越网网站流量位于全国电子商务网站的前列。难怪最后王树彤本人都说："其实我们都低估了互联网的力量，我们也没有想到会如此之快地取得今天的成绩。"

王树彤忍到了最后，终于得到了回报。

想想看，如果没有忍耐的智慧，王树彤哪还有机会来施展自己的满腹韬略呢？又怎会有今天的成绩呢？

忍耐不是一个抽象的概念，而是一种内涵丰富的谋略。忍耐不是消极沉默，而是蓄势待发。忍耐实质上是一种动态的平衡，当量积累到一定的时候必然会发生质的变化。忍耐是意志的磨炼、爆发力的积蓄，忍耐是无奈时的智慧选择，重要的是我们要耐得住寂寞、失落甚至屈辱和辛苦，等待和把握好进攻的最佳时机。

女性往往处于弱势地位，所以更要善于忍耐。积极的忍耐无疑是一种坚强的表现。香港女作家亦舒有句名言："忍无可忍，还须再忍。"这很有借

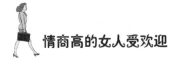

鉴的必要。她笔下的现代女性性格坚强，在工作取得成功的过程中，总用这句话激励自己。我们也可以把这句话作为座右铭，警示自己。

人的一生当中会遇到很多问题，如果你不急于解决小的问题，你便学会了控制你的情绪和心志，以后碰到大的问题，自然也能忍耐，等到最好的时机再把问题解决，这样才能成就大事业。

女人太要面子，必然要为面子埋单

电影《大腕》中有一段经典台词："一定得选最好的黄金地段，雇法国设计师，建就得建最高档次的公寓……楼里站一个英国管家，戴假发、特绅士的那种，业主一进门儿，甭管有事儿没事儿都得跟人家说'May I help you，Sir'。一口地道的英国伦敦腔儿，倍儿有面子。"

这段台词在令人爆笑之余，也折射出很多人的面子心理。

什么是面子？面子是指在他人在场的情况下一个人展示出来的自我形象，它包括有关尊敬、荣誉、地位、联系、忠诚和其他类似的有价值的感受。这就是说，面子是一种独特的感受，拥有了它，这个人就可以在自己所处的社会文化范围内获得良好的自我认知。

女人天生爱面子。其实，爱面子本身没有错，更算不上什么恶行。因为爱面子是人对自身形象的一种维护，也是人的一种羞耻心理的行为表现。但是物极必反，如果过分注重面子，则容易暴露虚荣、虚伪、贪婪等诸多人性的弱点。面子固然重要，但如果死要面子，就必然导致活受罪。

有一次，赵女士和侄女去购物，见着一套高档化妆品，大家都想买。侄女刚参加工作，连吃顿饭都舍不得，自然没钱可掏。赵女士也不想再做冤大头，就没有像以往一样抢着付账。售货员机智地说："一看您就是有钱、有品位又大方的人，这点小钱您还在意？"一句话噎得赵女士半天喘不过气来。尽管要花500多元钱，但为显示自己有面子，她只好把手缓缓地伸向钱包。

在现实生活中，有许多女人和赵女士一样，就是走不出爱面子的怪圈。为了所谓的面子，不考虑自己本身的能力，盲目地接受他人的请托或要求，最后只会把自己弄得筋疲力尽、灰头土脸。

在商品经济的推动下，贫富差距变大。许多女人在社会剧变中失去了对自我价值的正确判断，她们的心理遭到极大的扭曲，只会借助于虚荣的手段来满足自己的面子。甚至有些女人为了自己的面子可以不顾一切，在千方百计地维护自己的面子的过程中，她们失去了许多更有价值的东西，最后甚至误己误人。

女人如果太要面子，受罪和后悔的是自己。过分在意面子是一种不理性的行为，是走入爱面子的怪圈而不自知，是一种愚蠢的行为。一般说来，聪明的女人通常都不是为面子而活、为面子所累的人。只有那些任性的、唯恐别人瞧不起的女人，才会端着架子耀武扬威。面子不是自尊，它更多的是一种虚荣。那些抛弃了虚荣心、用平常心来对待名利得失、实实在在地做人做事的人，不仅自己活得快乐，而且还会出乎意料地赢得成功。所以说，放下面子，女人就能够放弃无谓的虚荣，放弃虚荣带来的负担。千万不要为了面子，最终惹来一堆烦恼。

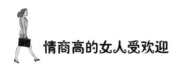
聪明的女人会给人留面子，
愚蠢的女人只会驳人面子

俗话说："人要脸，树要皮。"人们历来十分看重自己的面子。面子相当于一个人的尊严，很多人可以失去利益，但不能失去面子。在很多人眼中，面子问题是头等大事，因此在人际关系中，女人要学会为他人留面子。

一位顾客来到一家百货公司，要求退回一件外衣。其实她已经把衣服带回家，并且穿过了，只是她丈夫不喜欢。她辩解说"绝对没有穿过"，要求退掉。

女售货员检查了外衣，发现明显有干洗过的痕迹。但是，直截了当地向顾客说明这一点，顾客是绝不会轻易承认的，因为她已经说了"绝对没有穿过"。这样，双方可能会发生争执。

于是，机敏的女售货员说："我很想知道是否你们家的某位成员把这件衣服错送到了干洗店去。我记得不久前我也发生过一件同样的事情，我把一件刚买的衣服和其他衣服一起堆放在沙发上，结果我丈夫没注意，把这件新衣服和一大堆脏衣服一股脑儿塞进了洗衣机。我怀疑你也遇到了这种事情——因为这件衣服的确有被洗过的痕迹。不信的话，你可以跟其他衣服比一比。"顾客看了看证据，知道无可辩驳，而女售货员又为她的错误准备好了借口，给了她一个台阶——可能是她的某位家庭成员在她没注意的情况下，把衣服送到了干洗店。于是顾客顺水推舟，乖乖地收起衣服走了。女售货员的话说到顾客心里去了，使她不好意思再坚持。一场可能的争吵就这样避免了。

在人际交往中，女人要想与别人建立和谐的关系，就必须懂得为他人保留面子。人际关系是相互的，你希望别人怎样对待你，你就应该怎样对待别人。尊敬别人，给别人面子，其实也是给自己留余地。

为他人保留面子，是一个十分重要的问题。但生活中，却有一些女人很少考虑到这个问题。她们我行我素，喜欢摆架子、挑剔，爱在众人面前指责别人，而没有考虑到是否伤了别人的自尊心。

有一天，几个同事一起吃饭，席间谈笑风生，气氛很好。吴女士和小陈的女友小孙聊得很投机，但一件小事破坏了这次聚会的和谐气氛。小孙是大学函授专科毕业，但碍于面子，撒了个谎说自己是本科毕业。没想到吴女士对小孙所说的母校很熟悉，于是打破砂锅问到底，结果小孙的谎言露馅了。当时的场面十分尴尬。从此，吴女士和小陈的关系变得紧张起来。

由此可见，一个人说话办事，如果不识相，不懂得给别人留些情面，就会造成彼此的尴尬与不愉快。席间，小孙说的时候神色已有几分不自然，吴女士也不是糊涂人，本该顺水推舟，可是她却不识趣，非要和人家小姑娘较劲，使人家出了丑，自己也不好过。

在人际交往中，这样的事情时有发生，不懂得给别人留情面，常常会使自己处于被动，进退维谷。所以，无论做什么事情都要时刻注意给对方留后路。因为只有给对方情面，才能为自己争得更多的东西。不给别人留台阶的人，到头来很可能是自断后路。若是在办事时不讲人情，让别人失掉了面子，就会留下不良的后果。所以，聪明的女人在做事时，一定要给别人面子，这其实也是在为自己留一条后路。

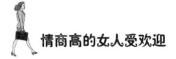

　　有一对夫妇，无论是外表和家境都十分般配，而且他们也十分恩爱。但是天有不测风云，人有旦夕祸福。妻子有一天无意中发现丈夫有了外遇，而且对象还是她的下属。站在自己家的门口，她毅然掏出手机给家中的丈夫打电话，告诉他自己的文件落在家里，请该下属去家里拿。那个下属的家和她的家很近，当下属从她家出来后看到早已在此等候的上司，满脸通红，十分羞愧。

　　照理说，她应当毫不犹豫地冲进屋内，当面戳穿他们的私情，大吵大闹，诉说自己的委屈，这也是大部分人会采用的方式。但是，这样一来，势必掀起轩然大波，不但会激怒下属，还会使丈夫更加难堪，甚至会把他推到离那个女人更近的位置。

　　妻子相信丈夫是深爱自己的，但她不能装作什么都不知道，任由他们发展下去。她必须要巧妙地让他们知道她是知情的，还要给彼此留一条后路，给彼此一个选择。所以她采取了上面的方式，不仅成功地挽救了自己的婚姻，也赢得了下属的感激。

　　事实上，无论你采取什么样的方式指出别人的错误，即使只是一个藐视的眼神、一种不满的腔调、一个不耐烦的手势，都可能带来让对方难堪的后果。不要想着对方会同意你指出的错误，因为你否定了他的智慧和判断力，打击了他的自尊心，同时还伤害了你们的感情，他非但不会改变自己的看法，还会进行反击。所以，在给别人指出错误的时候要委婉，要讲究方式，给别人留后路，这样会更容易让别人接纳。

　　其实，很多时候，给别人留面子，或许就是给了别人一个别样的人生。无论遇到什么事，我们都要多想想，怎样用更好的办法去解决问题，多说几句体谅的话，不要对别人的错误或缺点紧抓不放。请记住，保留他人的面子和自尊，是人际交往的底线。

第四章　职场风云：

　　修炼职场情商，

　　　成为职场全才

糊弄工作是对自己的未来不负责

有个老木匠准备退休，他告诉老板，说要离开建筑行业，回家与妻儿享受天伦之乐。

老板舍不得做得一手好活儿的老木匠走，再三挽留，但老木匠决心已下，不为所动。老板只得答应，但问他是否可以帮忙再建一幢房子。老木匠答应了。

在盖房过程中，大家都能看出来，老木匠的心已不在工作上了。用料也不那么严格，做出的活计全无往日的水准。老板并没有说什么，只是在房子建好后，把钥匙交给了老木匠。

"这是你的房子，"老板说，"是我送给你的礼物。"

老木匠愣住了，他的后悔与羞愧，大家也都看出来了。他这一生盖了多少好房子啊！最后却为自己建了这样一幢粗制滥造的房子。

工作质量往往决定生活的质量。一个人的态度直接决定了他的行为，决定了他对待工作是尽心尽力还是敷衍了事，是安于现状还是积极进取。态度越积极，决心越大，对工作投入的心血就越多，从工作中所获得的回报就相应地也越多。相反，没有良好的工作态度，对自己所从事的工作缺乏必要的热情，工作中敷衍了事，那在人生的路上只能成为一个失败者。

在工作面前，态度决定一切。没有不重要的工作，只有不重视工作的人。只有端正态度，我们才能将工作做好、做到位。

情商高的女人受欢迎

无论是在平凡的岗位上，还是在重要的职位上，如果你都能秉承一种良好的工作态度，并表现出完美的执行能力，你一定会成为用人单位的最佳选择。

硕士毕业后，小丽应聘到一家公司工作。刚开始的时候，她每天的工作就是拆阅应聘信和翻译。可以说工作量大又枯燥，但她忙得不亦乐乎。她不急不躁，每天都认真地工作着。两年后，小丽被提升为人事部经理。领导在她的升迁理由中这样写道："小丽作为一名名牌大学毕业的硕士生，每天的工作千篇一律，就是拆信。她在数千封信中，不厌其烦地整理出有价值的信息，反馈给领导，这展示了她积极的工作态度。"

总经理认为，小丽能够积极主动地在自己的岗位上把每一件事情都办得非常出色，企业需要的就是这样一个放到任何地方都能发光的人，因此她理所应当地成为这一批应聘者当中第一个升职的人。

可见，态度决定成败。积极的态度能充分调动出一个人心灵潜藏的能量和智慧，使我们的事业不断向前发展。

态度是一个人心灵的投影，它的美与丑、可爱与可憎全操纵于你之手。一个人的生活状态、人生方向由其生存态度所决定。用什么样的态度对待生活，就有什么样的生活现实；用什么样的态度对待工作，就有什么样的工作成就。

小蒋上中学的时候，老师出了道很难的数学题，叫小蒋和另一名同学上讲台解答。小蒋很快考虑好解答步骤，而另一名同学还在那里思考。为了表现自己的聪明，小蒋很得意地用粉笔在黑板上"唰唰唰"，三下五除二，就演算好了。这个时候，那名同学还在一笔一画地写着。小蒋很自豪，将粉笔头一扔，大摇大摆地回到座位上。

结果是，小蒋和那位同学都答对了，老师给的评语却大不相同。她指着黑板上小蒋写的字说："看看，急急忙忙、潦潦草草、马马虎虎，这是做学问的严谨态度吗？在能力相当的情况下，做学问其实就靠一个人的态度。"小蒋心中并不服气，觉得重要的是结果，老师偏偏看重过程。

多年后，小蒋去应聘一个会计的职位。由于用人单位要求应聘者具有相关的工作经历和较高的职称，小蒋的竞争对手们纷纷铩羽而归，只剩下一个其貌不扬的家伙与小蒋去迎接最后的面试。

用人单位的会计主管接待了他们，他拿出一堆账本，要他们两个人统计一下某个项目的年度收支情况。虽然在小蒋看来这只是"小儿科"，但小蒋不敢懈怠，每个数字都牢牢把握，认真地在算盘上加加减减。

大约一个小时之后，小蒋完成了任务。10分钟后，他的竞争对手也收工了。会计主管叫他们在一旁等待，然后拿着他们的"试卷"去老总办公室。

结果令小蒋感到吃惊和恼火——他没有被录用！他问为什么。会计主管回答："你没有做月末统计，而他不但做了，还做了季度统计。"小蒋问："不是要年度统计吗？"主管笑道："是啊，但年度统计数据应该从每月合计中得出。这不算什么会计学问，但反映了做会计的严谨态度。你们能力相当，所以我们最后要看的就是各人的态度了。"

从那以后，"态度"一词在小蒋心中生了根。

同样的能力，在不同的态度下，会导致完全不同的结果。

成功者和失败者的区别就在于成功者无论做什么工作，都会用心去做，并力求达到最佳的效果，不会有丝毫的放松，不会轻率地敷衍。

哈佛大学的一项研究发现，一个人的成功，85%取决于他的态度，而只有15%取决于他的智力和所知道的事实与数字。的确，当我们没有更多、更明显的优势时，良好的工作态度就是我们最大的资本和优势，就是竞争力。

积极的态度是职场女性事业成功的基础，也是让自己以轻松愉快的心情投入工作、积极主动完成任务的前提。所以，每一位职场女性都要尽可能地拥有良好的工作态度，珍惜现有的工作岗位，认认真真地做好每一件事，兢兢业业地干好每一分钟，踏踏实实地走好人生的每一步，这样才能实现自己的人生目标。

只要放低身价和姿态，找工作没有那么难

在找工作的过程中，有很多女性朋友因学历高、出身名校以及在校期间成绩优秀，便自视甚高，结果面试屡屡碰壁。这其实是陷入了一个误区。

人的身价是一种社会价值的体现。重视身价并不是什么不好的事，但过分注重身价就会把"自我认同"变成"自我限制"。认为"因为我是这种人，所以我不能去做那种事"。自我认同越强的人，自我限制也越厉害，比如千金小姐不愿意和贫穷的女人同桌吃饭，博士不愿意当基层业务员，高级主管不愿意主动去找下级职员，知识分子不愿意去做体力工作……他们认为，如果那样做，就有失自己的身份。

其实，这种身价只会让求职者陷入困境，自己堵住了前进的路。当然，这里并不是说有身价的人，就不能找到待遇优厚、令自己满意的工

作，可在求职过程中，多少会吃点苦头，除非你具有出众的才华、高尚的人格和无人能及的身世背景。博士如果找不到工作，又不愿意当业务员，那只能挨饿。如果能放下身价，愿意从基层做起，说不定他们的才能会被有眼光的领导发现，给他们提供更为广阔的发展空间。

　　某企业招聘业务人员，招聘信息刚公布，就有很多应聘者来报名。招聘官发现，有一位叫刘薇的求职者资历深厚，但招聘官觉得公司的水浅容不了"这条大鱼"，因此招聘官对她不抱多少希望。面试时，招聘官也曾很有诚意地侧面暗示刘薇，根据公司规定，不能给予太高的薪水。没想到刘薇竟然愿意接受与她原来要求相距甚远的条件，这让招聘官百思不得其解。正式录用后，刘薇也没有经历过大风大浪的骄傲，不但准时上班，还把各项报表整理得井井有条。一个多月后，刘薇的业绩远远超出了上司的预期，三个月后，上司决定破格提拔她，她的工资及各项待遇也水涨船高。

　　在一次闲聊当中，上司才知道她之前在一家公司已经混到了主管的位置，无论工作还是待遇都相当不错，原以为前途无量。没想到天有不测风云——老板投资失败，携款失踪，让这些员工们乱了方寸。此后，刘薇也曾经因为应聘的企业条件达不到自己的要求而烦恼，总认为自己是没有被发现的金子。在很长一段时间里，她无法忘怀自己遭遇的挫折。但是，她总是要生存下去的，只能从头再来。事实证明，是金子总会发光的。

　　可见，如果你想求职成功，那么就要放低自己的身价，也就是放下你的学历、放下你的家庭背景、放下你的工作经验、放下你的身份，让自己回归到普通人中。同时，也不要在乎别人的眼光和批评，做你认为值得做的事情，走你认为该走的路。唯有如此，你才会在放低自己身价的同时，提升个人的价值。

小敏大学毕业后，面临着就业问题。她东奔西跑地折腾了半年，依然没有找到待遇与她的学历相吻合的工作。为此，小敏经常闷闷不乐，脸上也失去了以往的笑容。

父亲语重心长地问她："你面试过这么多家公司，难道就没有一个岗位适合你吗？"

小敏说："有，只是工资太低了，每月只有800元。"

"那也好啊！先干着嘛，你干得好了，老板自然不会亏待你。"父亲笑着说。

小敏说："才800元，我才不干呢！我一个大学生怎么能一个月才挣那么一点钱呢。"

父亲无语，只是摇摇头。过了一会儿，父亲对小敏说："明天跟我卖一天菜吧！"

第二天，到了菜市场，小敏与父亲把新鲜的菠菜摆在货架上，很快就有一个中年妇女过来问："你这菠菜多少钱1斤？"

父亲说："8角1斤。"

中年妇女说："整个市场就你家的菠菜贵，别人都卖7角1斤。能不能便宜点儿？"

父亲说："我这里的菠菜是整个市场最好的，不能降价。"中年妇女撇撇嘴走开了。

后来发生的情况和刚才相差不多，接连几个人问过价后，都走开了。小敏有点儿着急了，她对父亲说："咱们也把价钱放低点儿吧！"

父亲却说："我们的菠菜这么好，还怕没人要啊？不急！"这时又来个问价的人，父亲依然坚持自己的价钱。那个人非常想买他们的菠菜，就是嫌贵，就软磨硬泡地说："7角5分钱1斤，这些菠菜我全要了。"

父亲依然坚持少于8角不卖，那人只好叹了口气，然后走开了。

买菜的人越来越少了，全场的菜价开始往下跌，其他摊位的菜几乎都卖完了，唯独她家的菠菜都没有卖出去。小敏说："市场都快没有人了，咱们也降价吧，这些菜放到明天就不新鲜了。"

父亲依然固执地说："不行，咱们的菠菜这么好，不能降价。"

就这样，父亲坚持不降价出售菠菜，结果所有的菜只能扔进了市场的垃圾箱。

回家的路上，小敏埋怨父亲说："早上人家给7角5分时为什么你要坚持啊，卖掉不就可以了吗？也不至于都扔了啊！"父亲笑着说："是呀，早知道就将菜价的起价定低一点儿了。只可惜现在那些菜只能躺在垃圾桶里，毫无用处。当时还不如降价卖了它。"小敏还要说些什么，却被父亲打断了，他继续说，"看看你自己，再看看那些菜，你们的处境不是一样吗？"

有了父亲的教导与卖菜的经历，小敏明白了很多道理。第二天，她便找到了一份月薪800元的差事。

求职时，务必要放低姿态，与其沉醉于自己的学历，不如将重心放在努力学习、积累经验上，因为，竞争力才是硬道理。万丈高楼平地起。高楼大厦是靠一砖一瓦修建起来的，人生理想的大厦也要靠辛勤的汗水去建造。只有降低身价，才能不断修正人生的坐标，找到适合自己的工作；只有脚踏实地，才能"在什么山唱什么歌"，逐步走向成功。

当一个人刻意抬高自己的身价，只能让路越走越窄，直到最后无路可走；而放低自己的身价，却能够让路越走越宽、越走越顺。一个甘愿放下身价的人，他的思想是富有弹性的，他能够比别人更早一步抓住机会，抓住更多的机会，因为他没有身价的顾虑。所以奉劝女性朋友，无论你选择干什么工作，不要"这山望着那山高"，必须降低自己的身价，脚踏实地，先找到一份适合自身的工作再说，埋头苦干，再通过持之以恒的奋斗来改变自己的命运，实现自己的人生价值。应该说，成熟的人生观、价值观、荣辱观，是女人永远不会贬值的财富。

有了责任心，工作就不会是负担

责任，从工作的意义上说，是一种自然而然、毋庸置疑的使命，它伴随着每一个生命的始终。在这个世界上，没有不需承担责任的工作。工作就意味着责任，丢掉了责任，也就意味着丢掉了工作。

公司要裁员了，王芳和李丹都不幸地上了解雇名单，接到通知一个月后离职。

王芳回家痛苦了一夜。第二天，她仍然十分气愤，逢人就吐苦水："我平时在公司干得那么认真，怎么那么多人不裁，偏偏就把我给裁了呢？"刚开始，同事们出于同情，都安慰她几句。可王芳越说越生气，最后竟然含沙射影，好像自己是被别人陷害了一般，见谁都瞪着眼。时间一长，同事们一见她便纷纷躲避。

不能向老板撒气，王芳便把气发泄在工作上，总认为反正快要离开了，现在干好干坏一个样。她打印的文件错误百出，整理的资料残缺不齐。

李丹第二天上班时眼睛也是红红的。但一进公司，她便平息了自己的怨气，逢人就做诚恳的道别："再过些日子我就走了，以后不能再与你们共事，请多保重。"于是，大家对她更加同情，平时关系一般的人现在跟她也非常亲近。

工作上，李丹和以往同样认真负责。她说："反正我是要走的，抱怨也没有用。不如先干好这一个月，免得以后想干都没有机会了。"李丹打印的文件一个错字都没有，老板要求的资料也整理得井井有条，她还主动帮助一些任务较多的同事，"就算再干一天，也要认真工作"，李丹想。

一个月后，王芳如期离开了公司，而李丹却被留了下来。老板当众宣布："像李丹这样的员工，正是公司所需要的。"

李丹被公司留下的原因就是因为她对工作尽职尽责、一丝不苟、有始有终。

由此可见，只有那些尽职尽责工作的人，才能被赋予更多的使命，才能更容易走向成功。

责任心是做好工作、成就事业的前提条件，是职场女性必须具备的基本素养。如果你想干好自己的本职工作，就要有高度的责任心，就要以兢兢业业的精神、火焰般的热情去做好每一天的工作。

当护士一直是玛丽的梦想，她的邻居在地方医院担任夜间领班护士，玛丽对其羡慕不已。这位护士由于工作勤奋——认真完成自己的本职工作，多次获得荣誉称号。玛丽十分渴望能够像这位邻居那样做出成绩。玛丽决定向她理想中的目标迈出第一步，即穿上条纹制服，到医院里去担任服务工作。玛丽坚信自己适合干护士工作，因为在她看来，穿上条纹制服是那么有趣。她总是跟伙伴们一起叽叽喳喳地聊天，在公共食堂里休息，而在履行自己的职责时则显得拖拖拉拉。病

情商高的女人受欢迎

人抱怨说，由于她老是看病房里的电视，病人想喝水也不得不长时间地等待。她受到院方的警告，随后就退出了服务活动。玛丽在医院的表现不佳，这对她日后进入护士学校是个不小的障碍。为了证明她有能力担负起自己的职责，她不得不比同学们做出更大的努力。

护士的工作需要极强的责任感和使命感，这是玛丽所没有意识到的。她把护士工作作为理想，却没有用行动去实现这个理想。

对于职场女性来讲，责任意味着什么呢？责任就是对自己所负使命的忠诚，责任就是出色地完成自己的工作，责任就是忘我的坚守。

任何人都想做一个事业上的成功者，而做一个成功者必须要对工作认真负责。在美国，如果一个人本职工作做不好，就会失去信誉，他再找别的工作、做其他的事情就没有可信度了。如果认真地做好一项工作，往往还有更好的工作等着你去做，这就是良性发展。所以说，你的工作就是你的生命的投影。对待工作不应该敷衍了事，对自己喜欢的工作就应该认真负责，用自己的全力去做好它。

对职场女性来说，责任有多大，事业就有多大。无论在哪个岗位上，你都要牢记自己的责任，认识自己所处位置的重要性，这就是高度的责任感。它能唤起你的工作热情和团队精神，从而达到公司的既定目标。当你有了责任感时，你就能自觉地意识到自己可以担负的责任；有了自觉的责任意识之后，才会取得良好的结果，甚至成就一番事业。

不让自己升值，怎能让领导升你的职

在竞争日益激烈的职场中，什么样的女人能长久地立于不败之地？答案可能会有多种。但我们可以肯定的是，善于通过不断地学习提高自己能力的女人，在职场激烈的竞争中一定具有明显的优势。

如果你是刚进公司的新人，勤于学习就显得尤为重要，因为有太多的专业技能、工作技巧、职场礼仪、企业文化、人际关系有待熟悉和知晓；即使你是工作多年的资深人士，也绝不能倚老卖老、妄自尊大，否则很容易被后生小辈迎头赶上。

学习是一种信念，也是一种可贵的品质。它是自我完善的过程，也是女人在现代社会立于不败之地的秘诀。美国哈佛大学的学者们认为，现在的企业发展已经进入了第六个阶段——全球化和知识化阶段。在这个阶段，企业将变为一个新的形态——学习型组织。在学习型的组织中，无论是让你完成一个紧急任务，还是反复要求你在短时间内成为某个新项目的行家，善于学习都能使你在变化无常的环境中应付自如。

知识就是力量，不懈的学习精神是百战百胜的利器。当你感到自己的知识难以适应工作要求的时候，有针对性地利用业余时间进修、学以致用不失为是一条改变困境的捷径。

纽约一家公司因为经营不善被法国一家公司兼并了。在签订兼并合同的当天，公司新任总裁宣布："我们不会因为兼并而随意裁员，但如果你的法语太差，无法和其他员工交流，那么我们不得不请你离开。这个周末我们将进行一次法语考试，只有考试及格的人才能继续在这里工作。"

听到这个消息，几乎所有的员工都涌向图书馆，只有一个叫玛丽的员工像平时一样直接回家了，其他人都认为她肯定不想要这份待遇优厚的工作了。结果却令所有人都大跌眼镜，这个被大家公认为最没有希望的人却考了最高分。

原来，玛丽在大学刚毕业来到这家公司后，就已经认识到自己身上有许多不足。从那时起，她就开始有意识地提高自身的能力。无论工作多么繁忙，她都会抽时间熟悉公司所有部门的业务，并谦虚地向同事请教，很快就熟悉了整个工作流程。更难能可贵的是，作为一个销售部的普通员工，她还时常向技术部和产品开发部的同事们学习相关的技术知识，所以她每次都能对客户的问题对答如流。

在工作中，玛丽还发现公司的客户多半来自法国，于是在工作之余开始刻苦地学习法语。当同事都在请公司的翻译帮忙翻译与客户的往来邮件与合同文本时，她已经能够自行解决这些问题了。

由此可以看出，在这个知识与科技发展一日千里的时代，唯有不断地学习，不断地充实自己，不断地追求成长，才能使自己在职场上始终立于不败之地。

18世纪英国著名的外交家查斯特菲尔德爵士说："在知识方面充实自己，不但是你唯一的路，而且也是你非走不可的路。"职业生涯本身就是一个不断深造、不断积累、不断提升的过程。如果不学习，不接受新事物，不用最新的知识、技术武装自己，当新的技术普遍运用时，你就有可能最先被淘汰掉。而职场上的任何一个人，要想在日新月异的行业中求得发展，求得生存，就必须主动更新自己的知识结构，掌握最新的技能、技术，给自己职业的发展补充新鲜血液。

唯有不断地学习，与时俱进，才能在职场中立于不败之地。在这个知识经济时代，女人必须注重自己的学习能力，必须勤于学习，善于学习，并且终身学习。

西方流行这样一条知识折旧定律："一年不学习，你所拥有的全部知识就会折旧80%。你今天不懂的东西，到明天早晨就过时了。现在有关这个世界的绝大多数观念，也许在不到两年的时间里，将成为永远的过去。"的确如此。在信息社会，知识是要经常更新的，这对一个职场女性来说十分重要。你只有不断地在学习中提高自己，才能取得成功。有的人掌握的知识的确很丰富，但难免在自鸣得意的同时遇到麻烦。我们必须知道，追求知识永远没有止境，只有我们不断努力学习，不断更新知识，才能适应和跟上时代的发展。

张慧芳高中毕业后，经人介绍到一家单位做打字员。以前，她对电脑接触很少，因此刚一上班根本无法适应新的工作环境，别人十几分钟打完的稿子她往往要花上几个小时。

但是，她并不气馁。一方面，她虚心学习，有空就向其他的打字员求教；另一方面，她刻苦练习。几个月后，她的打字速度已经快了不少。最后，她成为公司录入速度最快、错误率最低的高手。

突破了打字关后，她并未满足。她自学了相关的计算机课程，拿到了计算机的初级等级证书，最后还考取了电大计算机专业。自然，这其中她付出的辛劳和汗水比任何人都多。

张慧芳不仅胜任了自己的工作，还使自己成为公司进步最大、业务水平最高的职员，上司对她刮目相看，欣赏备至。如今的张慧芳已成了该单位机房的主任。每当看到有的同志不努力、不上进，上司总是说："你看看人家张慧芳，多有上进心。"

张慧芳是靠关系进入那个单位的，如果她得过且过，稀里糊涂混日子，依靠着上司的照顾也同样能待下去，但绝不会获得上司的认可。正是因为她自强不息、虚心刻苦，在工作上能独当一面，才赢得上司的赞赏，并在事业上有所成功。

可见，在职充电是人才升值的一种好方法，要让自己升值，那就需要不断地充电。

俗话说，技多不压身。虽说我们达不到十八般武艺样样精通，但也得有几样拿手的。多掌握几项技能，老板肯定愿意升你的职。即使因为考虑自己职业发展前景，想要跳槽，也不愁没有新的伯乐相中你。

未来职场的竞争是工作能力的竞争、知识与专业技能的竞争，如果你善于学习，你的前途就会一片光明。所以，学习应当成为每一位职场女性的终身目标和不竭动力。无论你在职业生涯的哪个阶段，学习的脚步都不能稍有停歇。

独占功劳招人厌

成功需要分享，团队的成功更需要分享。在一个良好的团队中，大家通力协作，共同努力，取得的成绩是属于大家的，成功当然也属于整个团队。就算是某个人取得了很大的成就，也千万不要忘了一起拼搏努力的其他团队成员，与他们一起分享成功的喜悦。只有分享，才能共赢。不懂得分享的人，只能共苦不能同甘的人，最终会被大家所不齿，被大家孤立，被大家疏远。

第四章 职场风云：修炼职场情商，成为职场全才

王小姐是某公司的销售员。进公司的三年中，她一直视公司为家，并抱着"不管老总把不把自己当成一家人，但自己一定把公司的事当成自己的事"的信念，为公司的产品进入北京立下了汗马功劳。老总也没有亏待她，不断地为她加薪，她的业绩也因此而节节攀高。

后来，在王小姐的策划下，该公司的产品以迅雷不及掩耳之势，迅速在广东、上海等省市登陆，并一举占领了全国三分之二的市场。而王小姐的营销策划，成了当时业界同人公认的经典之作。王小姐当仁不让地成了公司的大功臣。从此以后，王小姐再不把其他同事放在眼里，即使有些项目是和他人一起完成的，她也常常将同事们的功劳揽在自己的身上，由此引起了众怒。

有一次，就在王小姐准备来一个"大手笔"，再为公司创造下一个销售神话时，老总把她叫到了总裁办公室，说："这是一张支票，拿着它，你可以离开公司了！"

"为什么？"

"既然所有的事都是你一个人的功劳，本公司庙小容不下你这位大菩萨！"老总说完，挥了挥手。

于是，王小姐只好拿着那张支票，伤心地离开了自己付出全部心血和智慧的公司。

独占易起纷争，分享才能共赢。当你在工作上或事业上取得了骄人的成绩时，当然值得庆贺，但如果成绩是集体的功劳，千万不要把功劳据为己有，否则你的队友会觉得你好大喜功，抢占他人的劳动成果。懂得分享的女人才能拥有更多。

独享荣誉是激起他人心中不满并让他人生恨意和嫉妒的最主要原因。试想，当大家都为一个目标在努力工作，不料让你抢先得到了这个惹人眼

红的功劳，相比之下的其他人就明显比你差了很多，你的存在也不时地给他人造成了威胁。尽管你并未做任何伤害他人的事情，但又有谁愿意跟一个让自己没有安全感的人一起工作呢？独自享受荣誉还心安理得地把高帽子往自己头上戴的人终究是会成为孤家寡人的，何谈讨人喜欢、受人欢迎呢？

因此，当你在工作上有出色表现而受到肯定时，千万别忘了分享荣耀，否则这份荣耀会为你带来人际关系上的危机。工作上有了业绩，升职了，加薪了，不妨和同事们庆祝一番，对老板说声"谢谢"，对下属的配合与支持表示真诚的感谢，即使是嘲笑过你的人，也要为他们给了你前进的动力而表示感谢，让大家都感到你内心真诚的感激而愿意与你分享快乐。

在某外企公司上班的职员小苏就是深谙此道的一位职业女性。当她在公司取得了令人羡慕的成就后，绝不会好大喜功，总说是集体的智慧。她懂得给同事留面子，在同事中人缘很好，没过几年便升职加薪了。后来小苏因为工作十分出色，业绩良好，成为公司里最年轻的销售经理。这一天，小苏被老板叫到办公室，因为她所带领的团队为公司的项目开发做出了很大的贡献。

端茶进去的秘书小琳出来后告诉大家，总经理正在拼命地夸奖小苏，简直要把她捧上天了，小琳还从来没有见过总经理这样夸一个人。听完这些话，这些销售精英脸都沉了下来，纷纷发起牢骚来："凭什么啊？功劳都让她一个人全占了，我们的努力都白费了！""对呀，为了这个项目，我们有多少晚没有好好睡觉，连续加了大半个月的班！"正在大家纷纷发牢骚的时候，总经理和小苏出来了。"这个项目做得好，大家都辛苦了！"总经理对大家投以赞赏的眼光，"苏经理向我说了大家所付出的努力，听说你们为了这个项目都没有好好休息过，真是太感谢大家了。这个月每个人都可以拿到两倍的奖金！"总经理话音刚落，大家一阵欢呼，冲过去围住小苏，表示以后一定会跟着苏经理继续努力。而和小苏一起进公司的萌萌好胜心强，好多次将所有的荣誉一个人独占，不懂得给上司留一点面子，更不懂得给同事留面子，最终落得众叛亲离，尴尬地离开了公司。

人在职场要懂得与同事"有福同享"，否则，会引起其他同事的反感，从而给自己职业的发展带来不利影响。每位职场女性都应该记住，当你因为工作表现出色受到上级嘉奖时，一定不要独享这份荣誉，你应该感谢周围的同事，并与他们一起分享这份荣誉。这样，你才会成为职场中受欢迎的人。

注重团队合作，才能做到双赢

21世纪是一个知识经济的时代，越来越需要团队合作能力。一个人若真的想成就一番事业，必须具备合作精神。如果没有其他人的合作，任何人都无法持续地取得成功。在很多时候，只有通过合作，才能获得成功，单独一个人是无法获得成功的。

王思琪是一家玩具公司的销售员。她所在的部门曾因十分注重人与人的合作而创造过不少销售业绩，而且部门中每一个人的业务成绩都特别突出。可是，这种和谐而融洽的合作氛围被她破坏了。

有一次，公司经理把一个重要的项目安排给王思琪所在的部门，王思琪的主管反复斟酌，犹豫不决，最终没有找到一个可行的工作方案。王思琪认为自己对这个项目有十分周详而又容易操作的方案。为了表现自己，她没有与主管商量，更没有贡献出自己的方案，而是越过主管，直接向经理说明自己愿意承担这个任务，并提出了可行的方案。

王思琪的这种做法严重地伤害了主管，破坏了团队的团结。结果，当经理安排她和主管共同执行这个项目时，两个人在工作上不能达成一致意见，产生了重大的分歧，导致团队中出现分裂，项目最终搁浅了。

可见，要想获得成功，就应该学会与人合作，而不是单独行动。只有把自己融入团队和集体中，才能取得更大的成功。

在职场中，个人的发展离不开团队的发展，我们只有将个人的追求与企业的目标紧密结合起来，破除个人英雄主义，搞好团队的整体搭配，取长补短，协调一致，形成默契，才能创造出更大的价值。

在职场中，与他人和谐相处、密切合作是一位优秀的职场女性应具备的素质之一。越来越多的公司把是否具有团队协作精神作为甄选员工的重要标准。只有懂得协作、善于协作的职场女性，才能推动工作前进。一个不肯合作的"刺头"，势必会被公司当作木桶最短的一块木板剔除掉。

合作是一种能力，更是一种艺术。美国哲学家威廉·詹姆斯曾经说过："如果你能够使别人乐意和你合作，不论做任何事情，你都可以无往而不利。"唯有善于与人合作，才能获得更大的力量，争取更大的成功。

在工作中，同事之间有着密切的联系，谁也脱离不了群体。依靠群体的力量，通过合适的工作而取得的成功，不仅是自己个人的成功，同时也是整个团队的成功。相反，明知自己没有独立完成的能力，却被个人欲望或感情所驱使，去做一项根本无法胜任的工作，那么失败的概率一定很大。而且这还不仅是你一个人的失败，同时也会牵连到周围的人，进而影响到整个团队。

　　张楠是国内一家知名企业的员工。在读大学的时候，她就是学校有名的才女，专业精通而且颇有文采。毕业时，她在学校的大力推荐下进了这家企业。谁知这位被学校引以为荣的高才生，在该公司工作了不到半年就被解雇了。

　　原来，在这家人才济济的公司里，每个人都很优秀。在每周一次的例会上，讨论公司的计划时，她总是夸夸其谈，把自己的想法、计划尽量地展示给领导，全然不顾自己刚毕业，还没有经验。她觉得自己在大学里是人人崇拜的偶像、尖子生，在这里也应该是她独占鳌头。

　　很多有经验的老员工的意见被她驳斥得一无是处，开始上司还比较欣赏这个年轻人的大胆和勇于表现。但是采纳了几次她的意见之后，老板发现她好高骛远、空谈理论，而且自以为是，除了老板，谁都不放在眼里。

　　她是初来乍到，却如此张扬，导致她在同事中的口碑极差。同事们都承认她有一定的能力，但是太把自己当回事了，不能很好地听取有经验的同事的意见，跟大家格格不入。于是，在一次次的创意被否定之后，上司不再欣赏和信任她。

　　毫无疑问，张楠的确很有能力，但因为不注重与团队的合作，让自己的职场发展受阻。

　　情商高的女人会与大家精诚合作，根据团队的力量来规划个人的职业生涯，依靠团队的力量去实现自我价值。不管你在什么地方，做什么样的工作，都应该记住自己是团队的一员。那些拥有团队合作精神的人，一定是充满集体荣誉感的人。只有通过团队创造价值，才会受到大家欢迎。

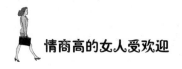
不要抢了上司的风头

在职场中，有好多女性朋友不懂得迎合自己的上司，在不经意间把上司的锋芒抢走了，殊不知这已经触犯了职场的规则，上司绝对不会给这样的下属好脸色看。所以，聪明的女人应懂得如何适时地把自己的功劳归功于你的上司。

李丽是一家美国公司驻北京分公司的公关经理，她在商场上有很高的声誉，却因一件小事而被迫辞职。

事情是这样的：美国总公司的几位高层管理者决定在北京举行宴会。赴宴的除了北京分公司的总经理及一些要员外，美国总部的要员当然少不了，再加上一向合作无间的大客户，宴会非常盛大。李丽作为北京分公司公关经理，常常以女强人自居。她的公关部干得非常出色，这也是她引以为荣的。不知是否被胜利冲昏了头脑，在之前的一些宴会中，李丽的风头有时竟凌驾于总经理之上。总经理是一位好好先生，在不损及自己利益的情况下，每每让她发言。总公司与分公司联合举办宴会的机会极少，李丽还是头一次经历。从筹备宴会开始，她抱着很谨慎的态度，务求取得总公司主管的赞许。

宴会当晚，李丽周旋于宾客间，的确令现场气氛十分欢乐。总公司的高层主管及分公司的总经理致谢词时，她在旁逐一介绍他们出场。轮到她的上司分公司总经理致谢时，不知怎么回事，她在介绍之前，竟先说了一番致谢的话，感谢在场客户一直以来的支持。虽然只有三言两语，已让总公司的主管皱眉，因为她当时负责的只是介绍上司出场，而非独立发言。

在宴会进行的过程中，总公司主管曾与李丽交谈过，发现她提及公司的事时，总是发表个人主见，全不提及总经理的旨意。给人的感觉是她才是分公司的最高主管。结果，分公司总经理被上级邀请开会，研究他是否坚守自己的职位，而非都由公关经理代为处理日常事务。李丽终于自动辞职，原因是她认为被总经理剥夺了权力，却不知道是自己锋芒太露而喧宾夺主。

身处职场之中，争强好胜、努力表现自己本来没什么错，但如果你两眼一抹黑地去抢上司的风头就太不明智了。因为上司之所以成为上司，自有他的过人之处。一般来说，上司在付出了数不清的辛苦和艰难之后，会有一种在公开场合做主角的欲望，所以，若有表现能力或出风头的机会和场合，请不要忘了将上司推到前面。

在现代职场中，一些自命不凡、喜欢炫耀的人，总会处处表现出自己的不凡，习惯性地抢上司的风头，甚至表现得比上司更像上司。这其实是不成熟的表现，会令上司讨厌。

通常情况下，上司都希望部下个个精明能干，能独当一面，但也有一部分的上司不希望部下比自己强。如果你遇到的上司是一位胸襟开阔的人，他会把你看作一位不可多得的人才，将会奉你为座上宾；如果你遇到的上司是嫉贤妒能之人，他会把你看作他的竞争对手和心腹大患，你将面临一场严峻的考验……所以，当你取得一定的成绩时，最好把功劳让给上司，不居功自傲，这是明智的选择。

郑红梅是某杂志社的编辑，她很有才气，由她主编的杂志很受读者的欢迎，有一次，还得了创新奖。一开始她还很高兴，但过了一段

时间，她却失去了笑容。她发现，上司最近常给自己脸色看。

事情是这样的，郑红梅得了创新奖，受到了上级领导的好评，因此除了新闻部门颁发的奖金之外，上级领导另外给了她一个红包，并且当众表扬她的工作成绩，并且夸她是块主编的料，但是她只顾表功，并没有现场感谢上司和同事们的协助，从此她的上司处处为难他。原来，郑红梅的锋芒已经盖过了她的上司，让上司产生了戒备的心理。

按常理来说，杂志之所以能得奖，郑红梅贡献最大，但是当有好处时，别人并不会认为她才是唯一的功臣，总是认为自己没有功劳也有苦劳。郑红梅的锋芒，自然让别人不舒服，尤其是她的上司，更因此而产生了不安全感，害怕失去权力。上司为了巩固自己的领导地位，郑红梅自然就没有好日子过。遗憾的是，郑红梅一直没弄清原因，结果三个月后就因为待不下去而辞职了。

上司最忌讳手下的人自表其功、自矜其能。这样的人很容易会遭到上司的猜忌、排斥和嫉恨。如果你能聪明地把用汗水和心血换来的功劳大方地让给上司，不抢风头，不给上司"功高震主"的感觉，你将会有晋升和加薪的机会。所以，不要显示你的才华高于上司。有功不忘上司，有出风头的机会尽量给上司，千万别抢上司的风头。

在穿着方面，你也要注意，不能抢上司的风头。你可以尽量穿与上司风格相近的衣服，以赢得亲切感，但千万不要比上司穿得好。如果你穿得比上司名贵，同上司在一起的时候，夺去了上司的风采，吸引了别人对上司的注意力，这会让上司心中很不痛快。如果你的上司很讲究服饰仪表，你也应注重服饰的整洁得当；如果你的上司不太看重服饰，那你穿着上过得去便行了。

总之，在与上司相处的时候，职场女性要恰当地表现自己的身份，表现得谦逊得体，不露锋芒。一句话，不要抢了上司的风头。

第五章　爱之真谛：
恋爱情商，为你揭开
爱情的美丽面纱

刁蛮任性，只会吓走心中的他

在恋爱的过程中，很多女性会表现出令男人无法揣摩的任性。她们有意无意地给男朋友设置一些所谓的障碍，比如约会不能迟到，必须记得她的生日和她喜欢的食品、情人节必须有惊喜，等等。其目的就是想知道男朋友是否能迁就自己，更多时候干脆就直接耍小性子考验他们。男人们有时也知道并不是有意为难自己，只是有些女性喜欢用这样的方法去经营自己的感情。

但是，处在恋爱中的女性也要保持必要的清醒：约会迟到，不代表他忽略你，可能真的是因为公司临时有个会议耽误了一些时间，或是路上遇到交通堵塞导致他没有办法准时出现在约会地点；生日时没有给你想要的鲜花或是礼物，也不代表他心里没有你，也许他有更好的安排……女人大可不必通过设置这些障碍来考验男人对你的真心，更不要动不动就生气。要知道，一次又一次的考验，只会破坏你们之间的信任。因为把任性当武器的女人，会让对方感到身心疲惫，迟早会离开，再好的感情也会毁在自己的手上。所以，女人任性要有度。

某报《情感故事》栏目中刊登过这样一个故事。

小鱼儿是个年轻漂亮的女孩，在去上海打工时结识了同学的朋友大健。随着交往日渐增多，小鱼儿发现自己与大健之间有许多共同点。认识不久，他们就正式恋爱了。大健对她很细心，也很宝贝她。她的工作没落实，大健劝她先休息，别急着在大夏天找工作；小鱼儿不太会做饭，大健工作虽然忙，但每晚还是尽量赶回家做饭。小鱼儿感觉很幸福。可是她并不像大健那样会照顾人，有时还爱发脾气。她找到工作后，压力很大也很累，回家就拿大健当"出气筒"，大健一直很忍让。小鱼儿加薪后比大健收入多出一大块，又嫌大健不够上进。虽然她很清楚大健付出很多，也很爱她，却仗着大健爱她，喜欢耍小性子。她感激大健的付出，但习惯于有话不好好说，一吵嘴就说："你不喜欢我，有人喜欢我。"

对于这些，小鱼儿解释说自己真的是有口无心，发过火很快就忘了。其实她从心里爱他，获得了父母对婚事的首肯后她很高兴，打算情人节时给他个惊喜。谁知情人节那天大健却神秘地失踪了，怎么也联络不上。她因担心他的安全，整整两天寝食难安。她一找到他就质问他，他却一反常态地指责她太任性，而后提出了分手。

从小鱼儿的故事中可以看出，都是她爱发脾气、爱耍小性子、不尊重对方的坏习惯，将原本深爱着她的男人推离了自己身边。

一个男人爱一个女人，对她的坏脾气、小心眼多是可以包容的，但是迁就她并不代表真的愿意让她一直无理取闹下去。所以，聪明的女人应该学会适可而止，并学会养成良好的习惯，这样才能让自己的爱情更加稳固。否则，轻则让男人反感，重则造成劳燕分飞。到那时再后悔，只怕为时已晚。

有一对情侣，女孩很漂亮，善解人意，时不时出些鬼点子耍耍男孩。男孩很聪明，也很懂事，最重要的一点是幽默感很强，他总能找到可以逗女孩发笑的方式。女孩很喜欢男孩这种乐天派的性格。

第五章 爱之真谛：恋爱情商，为你揭开爱情的美丽面纱

他们一直相处得不错，可女孩对男孩的感觉老是淡淡的，说男孩像自己的亲人。

男孩对女孩爱得很深，非常在乎她，所以每当吵架的时候，男孩都会说是自己的错。即使有时候他根本没有错，他也这么说，因为他不想让女孩生气。

就这样过了5年，男孩仍然非常爱女孩，像当初一样。

有一个周末，女孩出门办事，男孩本来打算去找女孩，但是一听说她有事，就打消了这个念头。他在家里待了一天，他没有联系女孩，他觉得女孩一直在忙，自己不好去打扰他。

谁知女孩在忙的时候，还想着男孩，可是一天没有接到男孩的消息，她很生气。晚上回家后，她发了条信息给男孩，话说得很重，甚至提到了分手，当时正好是午夜零点。

男孩心急如焚，打女孩手机，连续打了几次，都被挂断了。他打女孩家里的电话没人接，猜想是女孩把电话线拔了。男孩抓起衣服就出门了，他要去女孩家，当时是零点二十五分。

女孩在零点四十的时候又接到了男孩的电话，是用手机打来的，她给挂断了。

一夜无话。男孩没有再给女孩打电话。

第二天，女孩接到男孩母亲的电话，电话那边声泪俱下，说男孩昨晚出了车祸，警方说是他车速过快，撞到了一辆坏在半路的大货车，救护车到的时候，人已经不行了。

女孩心痛到哭不出来，可是再后悔也没有用了，她只能从点滴的回忆中来怀念男孩带给她的欢乐和幸福。

女孩强忍悲痛来到了事故车停车场，她想看看男孩待过的最后的地方。车已经撞得完全不成样子，方向盘和仪表盘上还沾有男孩的血迹。

男孩的母亲把男孩的遗物交给了女孩，包括钱包、手表，还有那部沾满了男孩鲜血的手机。女孩翻开钱包，里面有她的照片，已经被血渍浸透了。

当女孩拿起男孩的手表的时候，赫然发现，手表的指针停在12点35分附近。

女孩瞬间明白了，男孩在出事后还用最后一丝力气给她打电话，而她自己却因为还在堵气没有接。男孩再也没有力气去拨她的电话了，他带着对女孩的无限眷恋走了。

女孩永远不知道，男孩想和她说的最后一句话是什么。女孩明白，不会有人会比这个男孩更爱她。

这场悲剧是令人惋惜的，如果女孩不是那么任性，在第一时间接听男孩的电话，可能就是另外一个结局。

其实在两个人的相处中，最宝贵的不是爱情，而是包容和体谅。女人不要太任性，不要强求一个人对你低头、证明对你的感情，什么样的爱都会在这样的环境中被磨掉。要懂得接受和原谅对方偶尔的疏忽，要能够替对方承担压力，而不是光顾着发泄自己的情绪。爱要学会宽容，一味展示自己的任性，通常会弄巧成拙，甚至造成无法挽回的局面。

如果你正在为爱迷惘，或许下面这段话可以给你一些启示："爱一个人，要了解，也要开解；要道歉，也要道谢；要认错，也要改错；要体贴，也要体谅；是接受，而不是忍受；是宽容，而不是纵容；是支持，而不是支配；是慰问，而不是质问；是倾诉，而不是控诉；是难忘，而不是遗忘；是彼此交流，而不是凡事交代；是为对方默默祈求，而不是向对方诸多要求；可以浪漫，但不要浪费；可以多多牵手，但不要随便分手……"

如果你都做到了，即使你不再爱一个人，也只有怀念，而不会悔恨。

抛开依赖心理，做一个独立的女人

女人天生就有柔弱的一面，女人总想将头靠在温暖的肩膀上，有一双有力的手臂将自己搂紧，让自己在避风的港湾休息。依赖性强通常是人们对女性的评价，尽管今天男女在地位上已基本平等，但是在生理上、心理上，女人仍或多或少地对男人有着割舍不断的依赖感。然而作为现代女性，如果依赖性太强，则意味着太软弱，不能自主，会影响自己的事业和生活。

张芳本来个性很强，工作上独当一面，看起来似乎很独立，可奇怪的是，她的男朋友偏偏是个大男子主义者，什么事都要做主，控制她的选择，管的事太多。她也不自觉地接受了这种控制，习惯什么都要汇报请示。为什么这位独立的女性会陷入这种局面呢？

原来张芳除了在外面很独立外，其他的一切她都依赖男朋友。依赖成习惯，就助长了男人的控制欲，比如不会发E-mail，她会娇滴滴地说"我不会弄，你帮我发"；买了新衣服，先让男朋友评价一下，如果男朋友说不好，马上就不穿了；想参加什么活动，一定先问男朋友"你说我去不去"，男朋友说不许去，她就在家待着；有个机会跳槽，她征求男朋友的意见，只要对方不同意，她马上收起这个念头……她完全被男朋友主宰了，几乎成了没有主见的人。

我们知道，女人由于天性柔弱，常常希望遇到一个能为自己遮风挡雨的男人，找到一个能保护自己的宽厚的肩膀。然而，小鸟依人并不等于丧失自我。过度依赖男人，结果只能适得其反。

女人都该明白，对于爱情当然应该认真，但是千万不能因为爱而忽视了自己的生活、朋友、事业，更不要以为付出一切就会有收获。如果你在精神上过于依附他人，吸引对方的特质便会慢慢褪色。只有人格独立的女人，才会得到男人的充分尊重，才会拥有永恒的吸引力。

有一位心理学家曾经做过一项有关婚姻与家庭的调查，结果发现虽然都市女性已逐渐自强自立，撑起了半边天，但还有不少女人难以摆脱传统的对男人和家庭的依赖意识。很多年轻女人更是把嫁给一个好男人作为自己谋求事业发展、获得高质量生活环境的捷径。一名女大学生直截了当地说，找男人等于是人生的"第二次投胎"，靠自己苦苦奋斗多年才能改变生活条件太累。心理学家认为，女人把找个好丈夫当作人生头等大事，无疑是女人的人生观和人生定位在个人自我选择过程中的倒退，如此发展下去，会使女人的创造、创新、创业意识更为淡薄。

历史上，女人总是作为男人的附属品而存在，而今时代不同了，女人要了解独立的意义，要相信独立的女人是最美的。郁金香有那矜持端庄的姿态、鲜艳夺目的花朵，在花的王国里确是独树一帜。独立的女人就像盛放的郁金香，散发着属于自己的芬芳，姿态永远是那么高贵优雅。

小雅是某著名高校生物系的硕士生。在临近硕士毕业时，她结束了长达五年的爱情长跑，接受了男朋友的求婚。到了该找工作的时候，她也和其他同学一样开始准备简历、参加招聘会。虽然她的专业不算好，但她以为凭着硕士文凭和在报社、电视台实习的经历，一定能找到一份如意的工作。谁知道一跳进人才市场的海洋里，她才发现情况和她想象的大不一样。

周围有不少朋友劝小雅："何必那么辛苦呢？你老公留学归来，又是工科博士，那么多用人单位抢着要他，月薪开价都是一两万元。你干脆别工作了，在家宅着，开个网店，挣点小钱，不是挺好的吗？"于是小雅把档案往人才市场一放，不再找工作。

可最初的兴奋一过，她才发现这样的生活过得并不如意。她的丈夫每天去上班时，她还在睡大觉。中午一个人在家随便吃点将就一下，一整天就在家里穿着睡衣到处晃悠。她开始觉得失落，觉得不快乐，脾气也越来越坏，动不动就发火。

深夜梦醒的时候，她不断地追问自己："这真的是我想要的生活吗？不，我想去工作，不是因为别的，而是需要。"

于是，趁着丈夫到上海去发展的机会，她也开始像一个应届毕业生一样，开始了在上海的求职之路。终于，她开始在一家报社做编辑，尽管工资不高，但她觉得很踏实。她说："在这个人才济济的城市里，我看到了太多优秀的女人在奋斗。你问我现在累吗，的确有点累，但我很满足。现在，见到我的朋友总说我比以前更有神采了。"

对于现代女性而言，独立是一项必备的生存技能。独立的女人就像一道美丽的风景，让异性欣赏，让同性瞩目。当然，独立不是逞强，也不是不懂示弱。独立，是要我们自己能够与爱的人风雨同行，在同舟共济的时候不做他的负担；独立是即使我们离开男人的怀抱，也能够从容面对生活，成为一道美丽的风景。

现代女性应该是独立的，这种独立不是说要女人都成为女强人或者不要婚姻、不要爱情的独身女人，而是指女人应该具有独立的人格、独立的思想、独立的选择、独立的事业等。男人虽然喜欢女人的小鸟依人，但更欣赏真正能独立自主的女人。因为这会得到社会及他人的尊重，这是女人找到自我的首要前提。

独立给女性提供了更大的平台和更开阔的空间，让我们拥有更多的认知，而独立的终极目的，是帮助我们更好地选择自己喜欢的生活方式。作为女性，我们需要谨记于心的是，独立是一种美好的品德，是女人借以安身立命的根本；独立是一个过程，不亲身经历就无法成熟；独立是一种尝试，能够在选择中寻找真正的幸福；独立是女人的名片，它代表自信、勇敢、坚韧、积极和努力。

总之，女人首先要独立，才有资格谈感情。如果你不能独立，就算有了感情也会半途夭折，因为男人永远不可能把时间花在去等待和改变一个女人的身上，他还有整片森林。

不要轻易说分手

爱情这条路上，你走得辛苦吗？两个人在恋爱的过程中难免会发生争吵和摩擦，当你和爱人冷战的时候，你心里会怎么想呢？我要告诉你，不要轻易说分手。

这是她第三次和他说分手，她以为他会发短信说："你考虑清楚了吗？不后悔？"因为她记得，上次她说分手时，他曾说过如果有下一次，他将不再原谅她，将再不会回头，不管他有多爱她。

她考虑了好久，才发出要分手的短信。其实她很爱他，她喜欢常常见到他，可他偏偏很忙，不能陪她，也不发短信解释。她觉得，他根本没有把她放在心上。可她知道，他不是故意的。他是真的要工作，压力很大，很累，有时不想发短信。或者，每个人表达爱情的方式都不一样，他是爱她的，只是她觉得不够。

她总是为小事生气。发脾气，和好，她再生气，他再哄，再变回老样子，时间久了，她觉得好累——与其这样折磨自己，不如早点分手。他收到短信开玩笑似的回复说没有收到，什么都没看见，说"不想再听这样的话"。这倒很出乎她的意料——她原以为分手的短信一发出，他就会像上次她说分手时他说的那样，再也不回头。看到他这样说，她觉得心里很轻松，不知为什么。

新年的街上熙熙攘攘，看着身边一对对脸上洋溢着幸福的情侣，她忽然觉得心酸。"既然决定放手，就不要犹豫，不要回头。注定没有结果的爱情还是早点结束的好。"她这样劝着自己，塞上耳机把音量调得很大，一个人在街上逛。她以为自己足够坚强，可是不知道为什么眼泪还是大颗大颗地不停地滑落下来。

他给她打电话，她接了，却哭得很厉害。她说要分开段时间想清楚再联系，他说不要。

她一个人去逛超市到快打烊了才出来，因为不想一个人在家，出来时却发现已没有了回家的那班公交车。很晚了，她很怕。发短信给他问坐什么车能回家，他却从很远的地方赶了过来。一见到她，他先接过她手里两个大塑料袋。

寒风凛冽的夜里，他们还在路上走着。他问她在想什么，怎么又要分手。她突然很心疼他。他工作很累，她不仅不体谅还常常为小事跟他脾气，他从来不生气，只是哄她。仔细想来，她是爱他的，此刻更是。

既然爱了，就不要轻易说分手。所谓恋爱，就是两个人从不熟悉到

情商高的女人受欢迎

了解的一个过程，有些摩擦也是人之常情，谁都有自己的性格和习惯，这是一种考验和磨合。正所谓相爱容易相处难，两个人如果要想长久地在一起，必须相互包容和谦让。所以，千万不要轻易说"分手"两个字，不要在真正失去的时候才去后悔。

爱，是多么美好的一件事情，它让两个原本陌生的人渐渐相识、相知、然后相恋，从此孤独的人生路上有了一个人陪伴。有了爱，你的人生将变得那么丰富多彩。

分手，是多么绝情和令人伤心的词语。从此后，两个人从相识变为陌路，从前所有甜蜜的回忆顷刻不复存在。有的女人和恋人一吵架就喜欢说分手，"分手"似乎已经成了她生气时候的口头禅。而她不知道，在她一次次说出这两个字的时候，爱人的心也被她一次次地伤害着。有一天她又一次说出"分手"两个字，发现爱人不再像从前那样过来哄她而是说"好的"的时候，任性的她，可有一丝后悔和难过？

不要把分手作为挡箭牌或撒手锏，分手，意味着两个人恋爱关系的结束，如果你只是一时的生气，如果你还很爱很爱对方，那么，请你不要轻易说分手。

袁颖和男友已经相恋五年了，彼此都深知对方的脾气和习惯。27岁的袁颖已经想好要嫁给这个各方面条件都不错的男友，但就因为一件小事，让她的这个美梦成了泡影。

一天，袁颖去男友的单位找他，没想到在单位门口看见男友和一个女孩一起走了出来。当时正是中午，很明显两个人是去吃饭。气不打一处来的袁颖掉头就走。

晚上男友下班回家，袁颖黑着脸，一言不发。男友莫名其妙，也没多问，准备洗完澡再出来哄她。就在男友洗澡的时候，他的手机收到条短信，袁颖拿起男友手机一看，是一个叫小风的人。

第五章　爱之真谛：恋爱情商，为你揭开爱情的美丽面纱

男友出来之后，袁颖问道："小凤是谁啊？是女的吧？""哦，她是我们单位新来的同事，刚毕业。"男友如实说道。"今天你是不是就是和她一起吃的饭啊？""你中午来我公司了吧？因为她刚来，有很多问题不懂，总是请教我，她很感激，所以请我吃饭。一起吃个饭没什么大不了的。"男友显然并不在意。

"可她干吗还老给你发信息啊？你看你手机上这几天都是她发的短信。""她问的都是一些工作上的问题。再说，你怎么能私自翻看我的短信啊？"男友面对袁颖的无理取闹有些愤怒了。

袁颖也火了，和男友大吵起来。在一番激烈的争吵后，男友摔门而出。就这样，两人在谁也不肯让步的情况下结束了五年的恋爱。事后袁颖很后悔，就是因为自己的蛮横，把这个自己喜爱的男人逼走了。

后来袁颖又交了一些男朋友，可总觉得不够好，而且再也找不到想要结婚的感觉。如今都快30岁了，袁颖越来越发愁。

不是每段感情都有重来的机会。当你发现错过的人才是你的最爱，想回头，还有没有这个机会？分手是伤人的，那些原谅爱人的过错愿意重新开始的人是值得敬佩的，他们努力让自己忘记伤口，抱着不怕再一次被伤害的念头重新投入爱情。然而并不是每个人都有重新开始的勇气，分手的记忆太苦太痛，多数人都不能够放下过去重续前缘。

分手不是游戏，分手是很严肃的话题。不要让爱你的人受伤害，也不要让自己错失了心爱的人。女孩子，请收敛一下自己的任性和冲动吧，拥有爱的时候，一定要好好经营。不要轻易说分手，不要轻易放弃你的幸福。

似水柔情，让人怦然心动

生活中，经常可以听到男性对女性发出这样的感叹："现在的女人都一副咄咄逼人的样子，一点儿也不温柔！"的确，与过去的女性相比，现代女性中柔顺体贴、小鸟依人的确实少了，取而代之的，是蛮横刁钻、张牙舞爪的所谓"新潮女性"。对于男士的悲叹，你可能会柳眉倒竖、杏眼圆睁、气势汹汹地反驳："时代不同了，现在我们可是和男人平起平坐的。他大学毕业，我还念过研究生呢；他月收入三千元，我还年薪五万元呢！我干吗对他百依百顺，装出一副可怜兮兮的柔弱样子？"

这些话虽然有理，但是自古以来，雄性代表阳刚，雌性代表阴柔，无论如何，女人都不应失去女性特有的温柔。美籍华人学者赵浩生教授曾来中国讲学，有位记者让他谈谈对现在中国女性的印象，他尖锐地指出："我发现国内青年女性，有的认为越泼越好，有的粗野蛮横，没有女人味了。女人味就是温柔、善良、体贴……"他还称女人失去了温柔，是"中国女人最大的悲哀"。

女人最能打动人的就是温柔。温柔而不做作的女人，秀外慧中。和她在一起，内心的不愉快就会烟消云散，这样的女人是最令人心动的。

林黛玉并不是《红楼梦》中最美的，可是宝玉还是更爱黛玉，《红楼梦》的很多读者也会觉得黛玉比宝钗更可爱。为什么？因为她比宝钗性格温柔，她的娇嗔、她的妩媚、她的婉转、她的细腻、她的柔弱都如此动人，哪个男人会不心疼这样一个林妹妹呢？又有哪个男人面对她的娇弱不怦然心动呢？所以，在男人眼里，她就是最美的。

温柔是一种足以让男人一见钟情的魅力。的确，在男人挑剔的眼光中，盯着女人的美丽的同时心里还渴求着温柔。在充满浪漫与憧憬的青年时代，美丽或许会占优势，可当从感性回到理性的认识中时，男人就会越发明白温柔比美丽重要。事实也的确如此，在季节的变迁、时光的流转中，美丽的外表会失去光彩，而温柔历久弥新。这自然形成的女性温柔古往今来给人间带来多少深情挚爱、温馨和谐，让男人不能忘怀，让爱情的花朵早日绽放。夫妻间的温柔像一缕春天的阳光，为生活平添了温馨和美好。

那一年，刘阳在一家杂志社上班。他的办公桌在一个角落，与其他人隔得很远，平时也很少与别人接触，而且他一向性格内向，不喜欢多说话，倒也乐得清静。他对面坐着一个女孩，刘阳只要稍稍挺直身体就能看见她。她长得算不上漂亮，皮肤有点黑，眼睛也不大，但很文静。尽管他们俩离得最近，但也很少说话。他只是偶尔抬眼看看她，看她不经意间的一个动作、一个神态，偶尔发觉她也在看他，他们就微微相视一笑，过后还是很少说话。

午休的时候，同事们经常凑在一起聊天儿，她有时也会参与其中，说得不多，却总是一脸诚恳与认真。刘阳则坐在一旁，也很少说话，有时说上三言两语，品评人物、时事以及一些文学作品，每当这时总是发现她很小心地听，眼睛盯着他，那眼神似乎有点复杂，刘阳确信她有一点崇拜他，这让他有点暗自高兴。男人总是希望被人注意和崇拜，那说明自己是优秀的。

有一次，同事不知说了什么，好像是针对她的，几个人都笑了起来。她不好意思地低下头，脸上悄悄地飞起一抹红晕。刘阳忽然觉得这个女孩好美。但是，刘阳也没有多想，他心里想的是找机会离开这家杂志社，他要到更能发挥自己优势的地方去锻炼和发展。

一次，同事关门时不小心夹了她的手，连连道歉，她一边摇头说没关系，一边揉着手指，疼得泪花在眼睛里直转。那一刻刘阳发现自己心里有什么东西融化了，但他面对她那个样子仍是淡淡的，什么都没说。中午吃完饭回来，他仿佛不经意的样子，问了一句："手好些了吗？"她下意识地揉了揉手指，说："好多了。"他问自己这是怎么了，莫非是喜欢上她了。脑子里跳出这个念头把他自己也吓了一跳，这怎么可能？他自嘲地笑了一下。日子又很平静地过了很久，他们仍然很少说话，但刘阳发现自己抬头看她的次数似乎比以前多了。

有一天下班了，她怯生生地向刘阳借一本书，刘阳边收拾桌子上的东西边点了一下头，没说什么。她愣在那里，有点不知所措，以为他不愿意。他看着她笑了笑，说："明天给你拿来。"她如释重负。刘阳没有想到，正是这一次借书，促成了她们今后的交往。

后来他离开了杂志社，从此与所有人失去了联系。一天，她要还书，他们就用电子邮件聊了几次，就这样，他们又有了交往，主要是用电子邮件，偶尔也打电话，却没有见过面。

再后来，刘阳去了北京。一个人无聊时，会想起给她打个电话，打到家里，常常是她家人接的，不一会儿，就能听到她跑过来接电话，气喘吁吁的。他责怪她说："干吗跑那么急，先喘喘气再说。"她柔声道："没什么，怕你多等。"刘阳的心就像被什么撞了一下，他很喜欢听她说话，她的声音很柔和，流露着一股温顺。

渐渐地，他们通电话和电子邮件的次数越来越多。春节的时候，刘阳回家过年，一天傍晚他约她见面，那时距他离开杂志社已有一年半了。重新坐到一起，他给她讲在北京的见闻，她也给他讲他离开杂志社以后的变化。她说话的时候，刘阳就盯着她看，毫不遮掩，有时会触到她的目光，她立刻就躲闪开了，露出一点羞涩。刘阳发现自己其实是喜欢她的，尤其喜欢看她羞涩的样子。

一次他们并肩散步，过马路的时候，忽然来了一辆车，他揽过她的肩，把她拉到了旁边。她只是看了看他，没有说话，但她的眼神里多了一丝甜蜜和喜悦。

然后，刘阳大胆地牵了她的手，她要挣脱，但是刘阳抓得更紧了。她的手很小、很软、很温柔，刘阳就这样一直拉着她的手，再没有松开，直到她嫁给他，成为他的妻子。

新婚之夜，他对她说："是你的温柔俘虏了我。"婚后，他们过得很幸福。一年之后，她生了一个儿子，做了母亲的她变得更加温柔和体贴。刘阳就常常想自己真是幸福，娶了一个这么温柔的女人。

男人需要女人的温柔，正如女人需要男人的阳刚一样，这是心理和生理的差异造成的，也是男人和女人之间的互补性要求。温柔是一种美德，也是一种力量，它能像春风一样吹散人们心头的忧愁和烦恼；温柔是理解、是关怀，女人温柔一点儿就像给爱情加进了蜜糖。

对男性来说，女性的似水柔情是一种迷人的美，也是一种无法抗拒的力量。一位诗人说："女性向男性进攻，温柔常常是最有效的武器。"

可能你在事业上不是一个女强人，或者学历并不高，厨艺不佳，长相一般，总之，你绝对算不上是一个十全十美的女人，但你有最大的特点——温柔，这就足以吸引许多男人的注意力。因为在他们眼中，你的温柔是最迷人的。

张媛是那种长不大的"小女人"，喜欢睡懒觉、爱撒娇、爱使小性子，还动不动就抹眼泪。有一次，她又在妈妈面前撒娇，她的妈妈开玩笑说："这么大了还像个孩子，不改改这些臭毛病，以后恐怕嫁都嫁不出去……"

后来张媛不但嫁出去了，老公还很宠她，什么事都依着她、让着她，对她是呵护备至、疼爱有加。张媛的妈妈对女婿说："真是幸亏你对她这么好，不过你也别惯着她，她那些臭毛病该改改了。"然后就罗列了女儿一大堆坏毛病，没想到她的女婿竟然说："妈，我看这都不是毛病，我觉得这样才有女人味呢。"

趁妈妈不在的时候，张媛偷偷地问她的老公："我真的很有女人味吗？"她老公说："是啊。""那你举个例子。"张媛笑着盯着老公说。老公想了一会，说："比如，你从不大声嚷嚷，说话的声音永远都很温柔动听；我早上上班走的时候，你总会检查一下我的衣服，有时会摘掉粘在上面的头发；你看电视时，会傻傻地抹眼泪……"

温柔的女人具备一种特殊的魅力，她们更容易博得男性的钟情和喜爱。这样的女人像绵绵春雨，润物细无声，给人一种温馨的感觉，令人心驰神往、回味无穷。且这种魅力不会因年龄的增长而消失，而是具有持久的生命力。

温柔的女人就是上天派来的爱的天使。俗话说："女人是水做的，男人是泥做的。"有了如水的柔情，坚硬的顽石也会点头。女人用温柔征服男人，征服世界。

女人的温柔有深刻而广博的内涵，包括善解人意、宽容忍让、谦和恭敬、温文尔雅，不仅有纤细、温顺、含蓄的表现，也有缠绵、纯情、热烈的流露。有的女人无限温存，像清澈的海水，让人沉醉；有的女人像一道淙淙的流泉，通体内外都充满着柔情……女人的内心可以很强大，但是她外在的表现一定是温柔的、体贴的、平和的、有教养的、有爱心的。

温柔是一种性格，更是一种智慧。作为女人，你可以不够聪颖、不够美丽，但你不能不够温柔！

爱要勇敢说出口

生活中，很多女人会遇到"爱你在心口难开"的情况，喜欢一个人或者爱一个人都只是在心里默默地思量，不敢说出自己的真实感受。尤其是面对自己爱的人更是不知所措，只会在那里默默等那个人爱上她，等到最后往往是错过了一段美好的感情，或者错过了这辈子最爱的人。

龚霞今年28岁，在一家开发公司做打字员，如果不是因为有一个人在这家公司，也许几年前她就改行做其他事情了。因为她暗恋的人是自己的上司，而且是高出几级的上司。

7年前，龚霞大专毕业后，通过亲戚介绍，在这家开发公司做打字员。进公司的第一天，贾经理给新来的员工做培训，虽然没有讲话稿，但他讲起话来条理清晰、通俗易懂。那是她第一次见到英俊潇洒、器宇非凡的贾经理。当初，虽然龚霞是一个不懂感情的小姑娘，可自从见了贾经理后，她感觉从小幻想的白马王子突然出现了。

为了博得贾经理的好感，龚霞工作起来非常勤奋，希望能引起他的注意。虽然她只是一个打字员，可她最盼望的事情，就是公司召开全体会议，因为，只有在这样的会议上，她才能见到贾经理。

贾经理有个习惯，就是在公司与员工相遇时，总是谦和地点点头。为了多得到这种看到他点头的机会，龚霞每天都要提前来上班。看见他从远处走来，她立刻低下头，佯装认真翻阅正在整理的客户材料。一次，填工作报表时，她写着写着，竟成了贾经理的名字。同事恰好走过来和她说话，她的心头突然"怦"地一跳，双耳立刻通红，赶紧抓起那张纸拧成一团，塞进抽屉，仰起头不好意思朝人家傻笑。

龚霞的一头长发也是暗恋的产物。5年前，贾经理在和单位员工聊天时，说他喜欢女孩子留长发，头发越长，女人味越浓。也许他当时只是无心说的，龚霞却记在了心里。从那个时候起，她开始留长发，这么多年来，从没剪过一次头发。她长发齐腰，走在大街上，总是吸引不少人看，可是贾经理却从没有夸赞她的头发。

就这样，龚霞常常被贾经理的一个眼神、一个举动和一句话左右着自己的喜怒哀乐。看到他，她就快乐；见不到他，她就失落。他的每一个微笑，都会让她整夜失眠；他的每一句话，都会让他回味无穷。她知道自己这种单相思是一种病态，但是无法控制。她也曾经去找过心理医生，可一旦回到单位后，依旧无法自拔。

24岁的时候，母亲曾托人给她介绍了一个不错的男孩。见面后，男孩对龚霞很有好感，她却没有感觉，因为在她的心里，都是贾经理，虽然贾经理本人并不知道。那个男孩单独约了她几次，都被龚霞拒绝了。因为她的心里没有空间留给别人。

随着年龄渐渐增长，龚霞对自己这种没有结果的暗恋开始厌倦，却没有勇气自拔。多少次，她都想给贾经理写一封信，可一想到地位和经历的悬殊便再也没有勇气提笔。这份痛苦的情感在她心里憋了整整7年，从不敢讲给任何人听，甚至自己的父母。7年来，她饱尝了暗恋的苦涩。如今，她已经成了大龄青年，早已错过了谈情说爱的最佳年龄，如果说以前自己还有年轻的优势，现在已经什么优势都没有了。

悄悄地爱上了心上人之后，又苦于不知道怎样表达，这是不少女孩子常常碰到的难题。既羞于向人求教，又担心"落花有意，流水无情"，只好保持缄默，只好自己着急、苦恼。如果不想承受这种痛苦，就要学会把你的爱恋说出口。

爱除了心灵的感应与感觉外，还要用语言进行表白，这样才能将两颗心融为一体。也只有这样，才能使爱情迸发出耀眼的光彩。

当你遇到一位自己喜欢的男孩，在什么都没有发生时，你要是认定"他不一定喜欢我"，那么你可能真的会失去他，失去选择的机会。

还有的女孩刚开始就想："如果被拒绝了，那该怎么办？""他态度很冷淡，我如何是好？"那么，你可能永远也得不到真爱。

很明显，问题并不在于会不会被拒绝，而在于克服这种自卑不安的想法以及愧不如人的心理，学会把你的爱大胆地说出来，这才是问题的关键。

假如你很想与自己喜欢的男孩约会，你可能会在电话机旁呆坐半天，拿起电话想拨号却又放下了，就这样反反复复，犹豫不决。事实上，只要你勇敢地拨一次电话，也许就会迎来一份美好的感情。即使遭到拒绝，也从此摆脱了那种焦虑的心情。

相对于男性来说，女性总是矜持的、害羞的，不好意思直接开口表达自己的爱意，此时，我们可以采用启发、暗示的方法，既不直接挑明，又恰当地表明了自己的意图。这种方法带有神秘感，不会戳破那层窗户纸，让对方去意会你的言语，达到了表达爱意的目的，同时也给爱情增添了几分情趣。

一个个性内向害羞的男孩暗恋一位女同事很久了，可是一直不敢表白。后来这位女同事马上就要跳槽到另外一家公司了，临走时，这个女孩留给他一封信。

他打开信一看，信封里面只有一张用笔戳破了一个洞的白纸。他一下子泄了气，想："她是叫我看破，不必太认真。"

年轻人很失落，不再联系那位女同事。过了一段时间，他的心情慢慢地平复了，他不由得又想起那封信，突然一想，这白纸上有一个洞，并不是让自己看破，而是让自己突破！

男孩心中豁然开朗，马上开始追求那位女同事，双方最终成就了一段美满的姻缘。

其实，向你爱慕的人表达爱情的方式是多种多样的，只要你细心观察，及时捕捉爱的信息，总会找到恰如其分的时机和方法。

斗嘴不斗气，随性不任性

恋人之间，打是亲、骂是爱，斗嘴只是表示爱的一种活泼而随意的方式，不会因斗嘴而斗气，相反却越斗越亲密。这种斗嘴从形式上看和吵架很相似。你有来言，我有去语；你奚落我，我挖苦你。但与吵架不同的是斗嘴时双方都是以轻松、欢快的态度说出那些打击对方的言辞，有了这层感情的保护膜，斗嘴就成了一种只有刺激性、愉悦性却无危险性的"软摩擦"，成了表现亲密与娇嗔的最好方式。

第五章　爱之真谛：恋爱情商，为你揭开爱情的美丽面纱

一个男孩约女朋友出去玩，可女孩子迟到了，两人有了以下的对话。

男孩说："你怎么现在才来？都几点了？"

女孩说："我们家有点事儿，我爸他……"

男孩说："打住吧！打我认识你那天起，你们家事儿就没断过！"

女孩说："至于吗？不就是晚来了一会儿吗？"

男孩说："一会儿？我在寒风里溜溜地等了两个多小时了！"

女孩说："上回你跟朋友去五道口喝酒，我还在门口杵了四个多钟头呢！冻得我一脑袋的冰碴儿……"

男孩说："您那是等我？您那是盯梢！活该！说起这事我就来气，我说你是学什么专业的？旁的本事没有，盯、关、跟的道行您倒是挺深。还顶一脑袋的冰碴儿，我呸！不就是些冻成冰的鼻涕泡吗？"

女孩说："说话别那么损啊！嫌我不好，你找一个好的给我瞅瞅啊。"

男孩说："你以为我不能？要不是我这人心慈手软，早就把你像甩大鼻涕似的甩了！"

女孩说："你还来劲了！也不瞅瞅你自己！"

男孩说："我长得是不如你，你瞧你长得多好，跟模特似的，而且还是毕加索先生专用的！我说怎么刚认识你就觉得眼熟呢，合着在毕老先生的名画里见过！"

女孩说："你讨厌，你欺负人，你坏……"

恋人之间每每发生的斗嘴，看似尖锐其实柔和，其实要比直抒胸臆式的甜言蜜语有更大的展示感情和个性的空间。所以有些恋人喜欢这种语言

情商高的女人受欢迎

游戏，在这种轻松浪漫的游戏中加深了解，用斗嘴调剂着爱情生活，使之更加丰富多彩。

小赵正处于热恋之中，可惜住得与女友隔了半个北京城。每到周末去赴约会，便是他一周中前五天时时渴望的"必修课"。据小赵说，每次与女友见面之后，他都少不了挨姑娘话里话外的揶揄。既然如此，小赵内心该是颇有挫折感吧，可他不仅没有知难而退，反而越挫越勇、乐此不疲。足见，这其中自有乐趣。比如，两人最近这次约会，就发生了如下对话。

小赵说："春天到了，我们见面的频率也可以提高了。"

女友说："为什么呀？就为让我多看看你这张大方脸？"

小赵说："方脸好啊！说明我为人宽厚、心地善良。"

女友说："宽厚？面包又宽又厚，面包可以吃，你能吃吗？"

小赵说："我虽然不能吃，但我绝对手感好。"

女友说："呵呵，胖嘟嘟的全是肥肉，我可不想揩你的油。"

小赵说："不用话里有话，在此郑重声明，本人对你绝无非分之想。"

女友说："你得敢！"

小赵说："我们在一起的气氛始终欠缺和谐，与整个社会环境不符啊！"

女友说："你强词夺理，快离我远点儿吧。"

不难看出，这对恋人彼此依赖、深深相爱，斗嘴是他们调节气氛的工具。表面上，两人针锋相对、互不相让，但斗嘴的背后，是彼此间足够的理解与宽容。恋人之间喜欢斗嘴，不过是一种颇具情趣的语言游戏而已。况且，这种斗嘴并非真要解决什么根本性的分歧，往往碰撞得越激烈，心中的爱意就越浓。这其中的奥妙，当事人的体会定是更深。

斗嘴，其实是拉近双方关系的黏合剂、及时消除彼此隔阂的润滑剂，也是加速感情发展的催化剂。但是，斗嘴也要有一定的原则和分寸，女性一定要注意。

第一，不要刺伤对方的自尊。斗嘴时，不能对对方进行冷嘲热讽，不要揭伤疤。如果伤了对方的自尊，斗嘴就会变成争吵。比如你说："你不给我买，没关系。你才不是因为颜色不适合才不买，而是因为你小气才不买！"这种话只会激怒对方，没有一个男人能够容忍冷嘲热讽，所以你不如大度一些："不要紧，谢谢你的提醒，不然就花冤枉钱了。"听了这样的话，他一定在心里赞赏你是个明白事理的人。

第二，要看对方的心情。斗嘴因为是唇枪舌剑的交锋，需要在一个宽松的环境中才能享受它的快乐。因此斗嘴时要特别注意恋人当时的心境。大家都有这样的体验，心情愉快时，可以随便耍嘴皮子、开玩笑。可当你的恋人为某件事愁眉不展或心情不好时，你频频耍嘴皮子，后果可想而知。这样，斗嘴的味道就会变得苦涩。

总之，恋人争吵只要把握好了度，就不会伤及感情，甚至还会增进彼此的感情。

女人要学会对男人说情话

恋爱中，女人总是习惯了听男人的甜言蜜语，却很少对男人说过什么情话。其实，男人也有情感需求，尽管没女人那么多，但他们也很想听到女人的甜言蜜语，这或许就是人的天性。当女人一味地要求男人对你信誓旦旦、海誓山盟的时候，你是否对男人做出了承诺？他们也是人，他们也希望听到你的甜言蜜语！

王建相恋了三年的女友向他提出了分手，因为她想出国，并且她爱上了一个老外。这对他的打击很大，从此他一心扑在了事业上，不到两年的工夫，就有了自己的公司，但是在感情上他再也不轻易相信别人。

后来他认识了做护士的郑茉莉，她善良聪明，最重要的是她总能用温柔的甜言把他征服。比如他喜欢和朋友海阔天空地神聊，而她总是用赞许的眼神看着他，还不忘说赞赏他一句："你懂得好多啊，好厉害啊！"这大大满足了他的虚荣心。当他犯了错误时，她也从不当面指责，只是以纸条的形式给他开"处方"。那些纸条有时藏在他的衣袋里，有时夹在书里，上面的字句婉转地纠正了他的一些说法，最后还不忘写一句"不管发生了什么，我永远爱你"。王建对她的甜言蜜语和温柔的做法自然是很领情的，同时心存感激。

相爱了一年后，他们准备结婚。可就在这时，那个曾与王建相恋三年的女孩忽然回来了，说想和他重新开始。这让王建犹豫起来，他原以为自己已经忘记了那个为了出国抛弃自己的女人了，可是他发现自己心里还有她的位置。

于是，他以出差为借口，和前女友一起去了海南。但当他知道前女友不过是为了钱和他在一起时，王建心里非常后悔。

后来王建和郑茉莉重逢的那一刻，他看到红肿着双眼的她依然装出很快乐的样子迎接他。王建知道她一定知道真实的情况，可她还是一脸温柔地对他说："人都有犯错的时候，但我相信你不会再犯第二次。没关系，让我们忘了以前，重新来过。不管发生了什么，我永远爱你。"这让他感到一阵心痛。他什么都没说，只是紧紧地把她拥到了怀里。他想，这一辈子他都要好好保护她、爱她，给她幸福。婚后，王建对郑茉莉百依百顺，因为他知道她是最值得自己珍惜的好女孩。

爱情需要真心相待，但是偶尔也需要一些调剂，对你爱的男友说一些情话，会拉近彼此的距离，加深彼此的爱意。所以有位哲人说过这样的一句话："好女人会在男人的脚步声中跳舞。"

男人不是只靠面包就能活下去的，有时候，他也需要一块蛋糕，最好还在上面加一点蜂蜜或奶油。聪明的女人会用自己的甜言蜜语不断地调动男人的情绪，让他对自己时刻保持激情。有时候，简简单单的一句情话就能让你的男友心花怒放。以下几句情话，懂爱的女人一定要学会。

1．我爱你

是的，男人也爱听你说"我爱你"。虽然他们自己并不爱说。但他爱听的理由其实和你一样。所以请用主动语态说这句话，而不是说"我也爱你"。

2．你真能干

男人们努力让自己更出色，但是却少有女人对他说"你真能干"，不要那么吝啬，即便他没有你想的那么出色。其实，很多赞美的话都是废话，谁不知道自己的本事有多大？可是这样的废话没有男人不喜欢听。

3．你真大方

如果他为你买了一份价格不菲的礼物，这说明他非常在意你，而你在接受礼物的时候也不妨夸他一句"你真大方"。

4．你的嘴唇好性感

每个人的性感标准也不一样，如果你这样说，他一定非常高兴。嘴唇薄透着坚毅和克制，嘴唇厚代表多情和温柔，嘴唇不薄不厚就是无可挑剔了，你怎么夸都不为过。很少有女人注意男人的嘴唇，男人也很少把嘴唇当作炫耀的资本，可是只要你夸男人的嘴唇性感，他们仍旧会照单全收。

5．你真幽默

有幽默感的男人是十分有魅力的，称赞一个男人有幽默感，绝对比夸他长得帅、大方慷慨有分量。所以，如果你夸一个男人"你这个人真逗"或"你真幽默"，他们一定很高兴。

6．你是一个成熟的男人

随着年龄的增长，人会越来越成熟。成熟的男人和女人都散发着一种独特的魅力。所以，在某些时候，成熟就是对男人最好的赞美。

第六章　婚姻生活：
　任性只适合热恋，
　婚姻必须懂得妥协

糊涂一点儿，让婚姻更美满

爱情和婚姻对女人来说至关重要，有些时候，做一个糊涂的女人，才能获得甜蜜的爱情和美满的婚姻。

对生活中不具有原则性的事，不必计较。从心理学的角度看，对不具有原则性、不中听的话或看不惯的事，装作没听见、没看见或随听、随看、随忘，这种难得糊涂的做法，不仅是处世的一种态度，也是夫妻和睦的秘诀。

在夫妻相处时，只要不是方向问题、原则问题或伤筋动骨的本质问题，用装糊涂来面对相互间的小矛盾与小摩擦不仅难能可贵，而且还是不可或缺的一门婚姻艺术。这对于加深夫妻情感、提升婚姻质量、创造和谐氛围尤为重要。

方淑仪是个温柔贤淑的女人，她爱丈夫和孩子，为他们忙碌、为他们操劳让她感到莫大的幸福。但是近来，方淑仪总感到丈夫的表现有些异常，比如，以前从来不注重外表的他，现在每天上班前都要精心地将自己收拾一番。本来他一周打同一条领带，现在变成了每天打不同的领带，而且衣服上总是散发着一丝淡淡的异香。他每晚回家的时间也一天一天地向后推，说应酬太多。

情商高的女人受欢迎

看到这些变化，方淑仪已经觉察到自己最不想发生的事情发生了，她沉默着，她不想追问、不想调查，只是静静地看着丈夫那张晚归却总是兴致勃勃、充满阳光的脸。

一天下午下班的时候，丈夫打来电话说晚上要陪上司去接待几个客户，会回来得晚一点儿，让她不要等他吃晚饭了。然而，晚上9点，电话响了，是他的上司有事要找他，说他的手机打不通。

听到这些，方淑仪心头一沉，略略迟疑后，她缓缓地说道："他现在不在家，手机可能是没电了，等他回家我让他回复您吧。"

放下电话，方淑仪愣在了原地，她一遍遍地拨着丈夫的手机号，听着里面传出的"对不起，您呼叫的用户忙，请稍后再拨"，她心如刀割。深夜，丈夫悄然回来。方淑仪给他倒了一杯茶之后，装作什么都不知道的样子静静地对他说："你的上司晚上来电话找你，说你的手机打不通，我想是手机没有电了，他让你回来给他回电话。"

说完，方淑仪起身准备去睡了，留下丈夫独自坐在沙发上发呆。

一会儿，丈夫走进卧室，突然发起了脾气，走来走去地述说着他的辛劳。听着丈夫的怨言，方淑仪内心酸楚，却不想再多说什么。

第二天，丈夫回家很早，支支吾吾地向方淑仪道歉，说自己昨晚不该发火。方淑仪微笑着说："我从来就没有责怪你，谁没有错的时候呢？过去的事我们不要再提了。"丈夫听后显得更加局促不安了。

日子依旧在一天天地过着，方淑仪像什么都没有发生过一样，一如既往地为丈夫、孩子忙碌着。丈夫每天下班就回家了，再也没有什么应酬了。

有一天，她收到了一封邮件，是丈夫写给她的，洋洋洒洒数千言，述说着他的错、他的悔、他的反省与领悟，他请求方淑仪的宽恕。

方淑仪读了信，禁不住泪流满面……在漫长的生命旅途中，两个人相遇不容易，能够成为夫妻更不容易。有的时候，也许只能用宽容和谅解才能使自己释怀吧。

事实证明，在男人的感情发生变化时，女人的大吵大闹不能解决任何问题，不仅收不回他的心，反而还可能会把他拱手送给那个第三者。反之，女人装一装傻，适时地大事化小、小事化了，犯了错的男人必然会对女人充满感激。

有一段话是这样说的："当一个聪明的男人遇到一个同样聪明的女人，很可能会出现一场战争；当一个糊涂的男人遇到一个聪明的女人，则有可能引发一段绯闻；当一个聪明的男人遇到一个糊涂的女人，也许会共同打造一段天长地久的婚姻。"由此可见，糊涂的女人有一种独特的魅力。一个聪明的女人往往不易得到幸福，就是因为她把一切看得太通透，一切在她眼里都不是那么简单。其实，聪明并不只体现在智力上，更多的是体现在心态上，自以为聪明的女人并不聪明，真正聪明的女人知道，该糊涂的时候就要装糊涂，该聪明的时候就要表现自己的精明能干，所以，幸福对她们而言唾手可得。

俗话说，傻女人有人爱，男人最怕女孩太爱算计、太过精明。当然，男人喜欢的傻女孩，绝对不是那种智商低的女孩，而是那种看上去傻傻的、心里却很有谱的女孩。这些女孩能处处照顾到男人的自尊，自尊心获得了满足的男人回过头来也会好好地疼爱女孩；这些女孩宽容，在男人犯

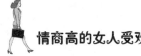

些小错时懂得以宽容的姿态把大事化小、小事化无，犯错的男人自然会对她充满感激。与这种傻女孩在一起，男人觉得既安全又温馨。

我们身边不乏对男人明察秋毫、对婚姻了如指掌的所谓情感高手，她们分析起感情问题来都是一套一套的，但这些姐妹们往往成了"剩女"或者遭遇婚变。也许，真正的看清是看清我们彼此都是不完美的、会犯错的平凡人，如果看清的结果是不原谅、不包容，那还不如糊里糊涂，因为我们的目标不是看清婚姻，而是获得幸福。

有一位女士，如今已是不惑之年，人们都称美她的清醒和聪慧，可她先后谈了不少男朋友，到头来还是孑然一身。曾经有男友向她许诺："房子问题很快就能解决了。"她就会深入男朋友的单位调查，然后反驳说："人家分房子根本就没考虑你！"男友向她许诺说很有可能要提拔，她又进入他的办公室左论证、右考察，最后说："你根本别抱幻想。"于是她的男朋友像走马灯似的一个个走开了。大家都感叹说："她太清醒了。"

"水至清则无鱼，人至察则无徒。"这句话同样适用于爱情。人无完人，爱情也不可能完美，太清醒了就没有轰轰烈烈的爱情了。汉字的"婚"字，拆开来看，就是一个"女"字和一个"昏"字，这很让人玩味。假若女人不是昏了头，说不定这世上就没有爱情和婚姻了。所以，对于世事沉浮，郑板桥采取的态度是难得糊涂。女人要想获得幸福也应学会装糊涂。

当然，装糊涂并不是让女人唯唯诺诺、忍气吞声，装糊涂只是一种方式，女人要准确把握它的尺度。那么，具体来说，女人应该怎么做呢？

1.理解信任，明白事理

婚姻生活中会遇到很多事，糊涂的妻子只会相信丈夫，不会捕风捉影，自寻烦恼。

2.宽宏大度，胸襟开阔

女人回顾一下丈夫的爱情誓言，差不多全是很难实现的，但糊涂的女人会不动声色地相信和默认它。

3.爱心在前，责备在后

如果丈夫兴冲冲地购物回来，妻子却对丈夫买回的东西品头论足，百般挑剔，男人心里肯定会很不耐烦。糊涂的女人会向丈夫投去欣赏的目光，并真心地夸赞他几句。

4.克制情绪，理智处事。两个人在一起生活不可能总是风平浪静，一旦发生争执，女人倘若过分热衷于搞清谁是谁非，一味地斤斤计较，或只顾发泄心中的愤恨，无异于火上浇油，结果反而会激化矛盾。糊涂的女人不会斤斤计较，她会主动求和，化解矛盾，从而保持婚姻的和谐。

"零吼叫"经营不抱怨的婚姻

在婚姻生活中，女人发几句牢骚本来是一种宣泄情绪的方式，可是如果让抱怨成为生活的常态和固定的模式，就会徒增烦恼。

抱怨是爱情的坟墓，是破坏爱情的最有效也最恶毒的方法，但是很

情商高的女人受欢迎

多女人并没有意识到这一点，甚至会觉得抱怨是一种爱的表现，以为自己的抱怨能改变男人的缺点。事实上，抱怨可能会毁掉一段美好的婚姻。

有一位心理学家曾经对很多对夫妇做过详细调查，最后他发现，在这些丈夫眼中，妻子的最大缺点是抱怨、唠叨、挑剔，这种缺点会给家庭生活带来巨大的伤害。所以，女人要想获得幸福，一定要想办法让自己远离抱怨。

李丽在大学时代就和刘辉谈起了恋爱，大学毕业后，他们喜结连理。按理说，他们结束了恋爱马拉松，走进婚姻，应该是幸福的一对。可是自打结婚以后，李丽就经常拿起一把无形的尺子，只要见到丈夫就必须要量一量。丈夫洗衣服时，她会抱怨说："你看看这领子、这袖口，你连衣服都洗不干净，还能干什么？"丈夫做饭，她会抱怨："哎呀，做饭怎么不是咸就是淡？一点谱都没有，让人怎么吃呀？"丈夫做家务，她会抱怨："你怎么这么笨？连地都擦不干净。"丈夫出去办事，她更是牢骚满腹："看你，连话都不会说，让人怎么信任你呢？"诸如此类的话不绝于耳。

刚开始的时候，刘辉常常黑着脸不吱声，时间久了，他就开始和她吵嘴。他会说："嫌我洗衣服不干净，你自己洗。"然后把衣服往那儿一扔，摔门而去。他还会说："我做饭没谱，以后你做，我还懒得做呢。"有时候，他也会大发雷霆，和她大吵一通，然后两个人谁也不理谁。

过了几天，两个人和好了，但是李丽仍然改不了自己的习惯，仍然会在他做事的时候抱怨不止，日子就这样在吵吵闹闹、磕磕绊绊中

第六章　婚姻生活：任性只适合热恋，婚姻必须懂得妥协

过了几年。终于有一天，李丽又在抱怨刘辉碗洗得不干净时，他再也无法忍受，把所有的碗都摔在了地上，大声吼道："你烦不烦？看我不顺眼，干脆离婚算了，看谁顺眼跟谁过去。"

李丽万万没有想到刘辉会提到离婚两个字，她顿时泪如雨下："我说你还不是为了你好？换了别人我还懒得说呢！要离婚，好，现在就离！"后来，李丽在朋友的劝说下，明白了一个道理，那就是自己对丈夫不能太苛刻。其实，衣服有一两件洗不干净是常有的事；丈夫不是大厨，做菜时盐放多放少更是小事一桩；家务活谁都可能出点儿纰漏；一个人偶尔说错一两句话也是在所难免的。而自己不断地抱怨，把这些常人都有的小毛病无限地放大，而且还养成了习惯。正是因为她对丈夫的挑剔，才使得丈夫与自己的距离越来越远。

这就是抱怨的后果。一个爱抱怨的女人，对整个家庭来说是一场噩梦。一个女人，一旦染上抱怨的毛病，就会使男人退避三舍。

生活中，众多家庭摩擦虽然起因各异，但其中导火索之一就是女人的抱怨和唠叨。心理学家指出，唠叨是女性普遍存在的不理性的一种表现，但是男人们不是了解人性的心理学家，所以男人们很难承受女人的唠叨，唠叨很可能成为他们在情感上疏远的重要因素。

孙海结婚不到8年，就完全体会到了一个女人从一只百灵鸟变成麻雀的苦恼。他是个中学语文老师，平常爱写点豆腐块儿文章，往各家报纸杂志投稿。写东西，最需要的当然是安静。可是，每当他刚坐下来，妻子的唠叨声就不绝于耳，一会儿说他这个没做好，一会儿说他那句话说错了，再不就是怪他不懂体贴等，像只小蜜蜂嗡嗡地飞，

天天把他搞得心烦意乱，文章也写不下去了。

后来，孙海就想了一招。因为他知道妻子不爱早起，自己早上就偷偷地爬起来，轻轻地穿好衣裤，蹑手蹑脚走出卧室，来到客厅，打开电脑开始写作。那是他一天中唯一安静的时候，唯一没有唠叨乱耳的时候。他几乎每天都在祈祷，妻子可以多睡一会儿。

这一天，还没等他敲完800个字，隔壁就传来了妻子的唠叨："天天晚睡早起，写出什么惊世之作啦？没你，文坛也不会散伙。"他的火气也来了，说："你能不能消停一次？能不能少说一句？我早晚要被你的唠叨声折磨死……"说着他关了电脑，没吃饭就上班去了。

女人对男人的唠叨，就像滴水穿石，是用软刀子杀人，也造成了婚姻的致命伤。

许多男人失去冲劲，而且放弃了奋斗的机会，就是因为他的太太总是对他的每一个希望和心愿猛泼冷水，永无休止地挑剔，不停地想要知道为什么丈夫不能像她所认识的某个男人那样有钱，或者是她的丈夫为什么写不出一本畅销书或谋不到某一个好职位。她们喜欢干扰丈夫的工作，喜欢劝告、干预和影响自己的丈夫，把自己当作丈夫工作上的智囊团。有这样的太太相伴，天才也会变成庸才。唠叨就像一张天罗地网，把丈夫包围得没有一丝喘息的机会。唠叨对婚姻来说是有害而无益的，它会无情地毁掉你的婚姻、你的家庭，把你的幸福、欢乐送进坟墓。

英国著名政治家狄斯瑞利曾经说过："我一生或许有过不少错误和愚蠢的行为，可我绝不打算为了爱情而结婚。"果然，他履行了自己的诺言，35岁时，他向一位年长自己15岁的寡妇玛丽安求婚。这不是爱情，他看中了寡妇的金钱。已过半百的玛丽安明白他的心思，请他等一年，她要考察他的品性。一年后，两个人结婚了。

利用婚姻进行交易历来都不新鲜，可是，出乎所有人意料的是，这桩婚姻竟然被人称为最美满的婚姻之一。

玛丽安既不年轻，也不漂亮，学识浅薄，衣着古怪，不懂家务，经常说错话，她似乎具备了女人所有的缺点。可有一样她却是天才，她懂得如何呵护自己的婚姻。

她从不让自己所想到的与丈夫的意见相反。每当狄斯瑞利与那些反应敏锐的人物交谈之后筋疲力尽地回到家时，她会让他安静地休息。没有盘问、没有抱怨，只有相敬如宾的气氛和无微不至的关怀。

每当狄斯瑞利从众议院匆匆回来，跟她述说白天所看到的、所听到的新闻时，她会微笑着倾听，并对他的想法或建议表示完全的支持。是的，她信任自己的丈夫，凡是他努力做的事，她绝不相信会失败。

狄斯瑞利觉得与年长的太太生活在一起，是他最愉快的时光，她成了他的贤内助、他的顾问，他的亲信。

有一天，狄斯瑞利对玛丽安坦诚自己的心迹："你知道吗，我和你结婚，只是为了你的钱。"玛丽安笑着回答："是的。但如果你再一次向我求婚，一定是为了爱我，对不对？"狄斯瑞利点头承认。

两人共同度过了30年。玛丽安认为，她所有财产有价值的原因，是因为给了狄斯瑞利安逸的生活；而狄斯瑞利把她看作心中的英雄，

情商高的女人受欢迎

请求女王封授玛丽安为贵族。

故事中玛丽安既不年轻又不漂亮，似乎没什么优点，可是她却牢牢抓住了狄斯瑞利的心，因为她是个幸福的女人，善于倾听，从不抱怨。

其实，一句抱怨，不如一个充满爱意的眼神；一句抱怨，不如一杯淡淡的清茶；一句抱怨，不如一个亲昵的动作。

曾经有人统计过，女人一生说话的时间是男人的几倍。她们对着丈夫滔滔不绝，无所不谈，恨不能一刻不停。男人不但要听，还不能说话，以免打断女人的话茬。时间久了，再爱你的男人也会厌倦。美国作家米勒告诫女人们："成功的婚姻与普通的婚姻之间的区别，就是一天中有三四件事情不说。"

如果你想抱怨，生活中的一切都会成为你抱怨的对象；如果你不抱怨，生活中的一切都不会让你抱怨。要知道，一味的抱怨不但于事无补，有时还会使事情变得更糟。所以，不管现状怎样，我们都不应该抱怨，而是要靠自己的努力来改变现状、获得幸福。

婚姻专家艾里斯·克拉斯诺曾经说过："对于婚姻来说，最大的破坏性因素就是唠叨。如果一个女人有唠叨这个习惯，应该立即丢掉，除非她不想维持婚姻。"女人的唠叨是美满家庭的腐蚀剂，是破坏和谐乐章的杂音，也是破坏家庭安定、损伤夫妻感情、拆散快乐家庭的罪魁祸首。唠叨过多的结局往往是事与愿违，越想通过唠叨来解决问题，越想通过唠叨来提醒男人注意，就越容易使男人反感。那么，女人该如何克制自己的唠叨，让家庭的生活环境变得更加愉悦和温馨呢？

1.同一件事不要重复地说

如果你必须很不耐烦提醒你的丈夫很多次，说他曾经答应过要去洗衣服，而他现在应该不会去洗了，为什么你还要浪费口舌？唠叨只不过使他更想拒绝，并下定决心绝不屈服而已。

2.说话要言简意赅

托尔斯泰说过："人的智慧越是深奥，其表达想法的语言就越简单。"无数事实也证明，那些真正打动人心的语言往往并不是长篇大论，而是那些言简意赅却能直指人心的话。作为女人，在说话之前一定要明确自己想说什么，要达到什么样的目的，不要随心所欲地长篇大论。

3.控制好自己的情绪

不愉快的事情是最容易让女人唠叨的，她们总是不厌其烦地诉说着自己的不快和郁闷。当丈夫心情不好的时候，不要在他面前唠叨个没完，那样只会引来争吵。想办法控制自己的情绪，或者把坏情绪通过另外的途径发泄出去，等到双方都冷静下来时，再把事情拿出来仔细讨论，讨论的时候应该心平气和，保持理智，不能使用过激的语言。

4.培养自己的幽默感

用幽默的方式对待身边的事情，会让你的心情舒畅。在生活中，很多事情是没必要生气的，与其为了一些鸡毛蒜皮的小事紧绷着脸，把甜蜜转变成相互指责和怨恨，不如以幽默的方式来对待。

5.转移注意力

当女人想唠叨时，肯定心情不怎么好，也比较闲。那么，女人就要让自己忙起来。例如，进行一场大扫除、提前把明天的工作做完、去美容院做个美容、约朋友出去娱乐一番等，这样唠叨就会被抛到九霄云外。

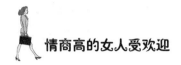

善解人意的女人才是婚姻中的常胜将军

善解人意并不是一味地迎合和纵容对方，而是指在遇到事情时，能尽量用自己的心去体会对方的心，用自己的感觉去体会对方的感觉。人无法要求别人善解人意，但自己做到善解人意，最大的受惠者往往不是对方而是自己。

善解人意的女人是男人最渴望接近的女人。好男人不会因为女人的善解人意而得寸进尺，反而会心存感激。在现在这个浮躁的社会里，只有善解人意的女人才是男人心灵的港湾。

有一对夫妻，妻子相貌平平，却有着一副热心肠。她聪明能干，在家里无论什么家务活，样样拿手，把家里收拾得井井有条。丈夫没有下班，她就已经准备好了丈夫喜欢吃的饭菜。她对丈夫嘘寒问暖，对公婆给予无尽的关怀，逢年过节，总是送去公婆喜爱的礼物，陪公婆散心。

妻子从不怨天尤人，对家人和朋友总是无怨无悔地给予力所能及的关怀和帮助。不了解的人，也许会说男人没有娶到一个漂亮的妻子；了解的人，会美慕男人娶了一个如此通情达理的女人，并叮嘱男人一定要好好对待自己的妻子。而男人也逢人便夸："能娶到这么好的一个妻子，这是自己几世修来的福分。"

什么样的女人才是最美丽的？无疑，是善解人意的女人。

善解人意，不应仅从文字上做善于揣摩人的心意去理解。其"善解"的"善"，也不能仅解释为"善于"。它还应包含善心、善良的愿望这层意思。善解人意，首先要与人为善、善待他人，而后才能理解人、谅解人、体察人，体现出人格的魅力。

俗话说，"善心即天堂"。只有怀抱善心的人，才能爱人，欣赏人，宽容人。人字的结构是互相支撑，懂得相互接纳、相互合作。女人要尊重丈夫的优势和才华，也宽容丈夫的脾气和个性。无论是对丈夫还是对家人，完全是欣赏对方美好的地方，而不去计较他人的缺点或是与自己不合拍的地方。不能理解的时候，就试着去谅解；不能谅解，就平静地去接受。

其实，女人要做到善解人意，并不是一件易事，不仅要有聪明的头脑，还要有宽广的胸襟。男人们大多数都是比较理性的，他们不会因为善解人意的女人谦让而得寸进尺，他们会对善解人意的女人心存感激。在生活的河流上，他们同乘一条船，用风雨同舟来形容显然已经不够了，因为在男人眼里，善解人意的女人不仅仅是坐船的，也不仅仅是划船的，而是帮着男人撑船的。

作为女人，如果能把善解人意作为一生的功课来做，幸福就会近在咫尺。

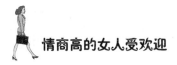

给彼此一些属于自己的空间

英国剧作家莎士比亚有句名言："最甜的蜜糖可以使味觉麻木，不太热烈的爱情才能维持久远。"一对夫妻，天天厮守在一起，重复着同一套生活模式，难免不生出厌倦乏味的感觉。所以，还是给彼此留一些属于自己的空间比较好。正所谓距离产生美。

一位律师曾说过，在她代理的离婚案件中，一些女人谈到为什么夫妻感情破裂的原因时，都要特别强调是因为自己放松了对丈夫的控制，才导致他对自己的感情逐渐疏远，甚至又找到了新欢。实际上，并不是这些妻子对丈夫控制得不够，相反是控制得太多了，正所谓物极必反。这位律师说，很多提出离婚的丈夫，他们的理由是妻子对自己管得太严，生活中完全失去了自己的自由空间，最终导致夫妻间的感情破裂。因此，这位律师认为，夫妻之间相互给对方一个自由的空间非但不会使感情破裂，反而会使夫妻感情越来越深，当然这里的自由空间是有一定的度的，没有度的自由空间是绝对不可取的。

一个女孩问她的母亲："在婚姻里，我应该怎样把握爱情呢？"

母亲没说什么，只是捧来一捧沙子递到女儿面前。女儿看见那捧沙在母亲的手里，没有一点流失，接着母亲开始用力将双手握紧，沙子纷纷从她指缝间泻落，握得越紧，落得越多，等母亲再把手张开，沙子已所剩无几。女孩看到这里，终有所悟地点点头。

　　婚姻的道理与此相似，要想让婚姻长久、美满、幸福，就不要每天盯着、看着、防着、握着，别把婚姻抓得太紧。夫妻间有所保留，这不能视之为对爱情的不忠，这是一种夫妻相处的艺术。夫妻就像两只相互依靠、彼此取暖的刺猬，远了，温暖不到对方；近了，会被对方身上的刺扎到。一次次冲突之后，两个人学会了慢慢调整距离。

　　王丽和志民结婚十多年了，有一天志民却突然向王丽提出离婚，理由是他觉得和王丽越来越没有共同语言了，说王丽平时不信任他。王丽平时喜欢跟踪他，回家晚了，总是问这问那，要检查他的头发、衣服、手机，即便是没事，电话也总是不断。志民说他受不了这种被人偷窥和监视的生活。王丽和志民大闹了一场，坚决不和志民离婚。王丽在这次大闹中，突然回头望见镜子中那个面目狰狞的自己，她被吓了一跳。她望着镜子里那个蓬头垢面、一副怨妇的样子，难以想象自己曾是一个被很多男人爱慕的女人。那是自己吗？她不敢相信，也很不甘心。她想，自己为这个家付出了那么多，可如今却得到这样一个下场。自己也是名牌大学毕业的，有着远大的理想和一份不错的工作，自己也曾是职场上的风云人物，但是这一切都在自己结了婚，生了孩子以后改变了。为了丈夫的发展，她放弃了自己的事业，做了一名家庭主妇，努力经营和照顾着这个家。可到头来，自己不但变成了处处惹人嫌的黄脸婆，还成了一个怨妇。

情商高的女人受欢迎

故事中的王丽所不知道的是，在婚姻中的另一方是她深爱的人，而不是她的敌人，没有必要步步紧逼，小到双休日和谁在一起加班，大到公司里的人事安排，事无巨细都要了解，把对方的一切统统限制在她的管制范围内，时间久了，物极必反，对方自然会产生逆反心理，心里的压力可想而知。不如给对方一点空间，每周给他一定的自由活动的时间，不必事事向她请示汇报，看看他还会不会深夜徘徊在街头不想回家。

婚姻本来是一件美好的事情，可是在现实面前却变得不再真实，女人的疑心，男人的"花心"，这些都让婚姻变了质，同时也把女人变成了一个监控器，无时无刻不在监视男人的一举一动。在这种无处不在的监控中，男人就会觉得没有一点自己的空间。对于一个没有自我空间的人来讲，生活变得没有乐趣，没有滋味。试想，如果拥有这样一个人生，你还会觉得幸福和快乐吗？

有句话是这样说的："男人就像风筝，既要放得高、放得远，又要把他拴在心上。"这句话很形象地指出了在男人的世界里，他们需要一片属于自己的天空，因为那是风筝永远都向往的地方，没有哪一只风筝愿意被放风筝的人永远控制在手中，停留在一个高度。所以，放风筝的人才会收放自如地把风筝越放越高。而对于男人，女人也不可把他控制得太紧，要知道，爱不能过分，因为过分了就会让男人负重。正如抓一把沙子，你攥得越紧，从你的指缝中漏掉的就越多。

有一个女孩，自己做着文字工作，丈夫从事IT（信息技术）行业，都过得忙碌而充实。但相比之下，做文字工作有很多的灵活时间，她用这些时间来读书、会友、写文章。据她说，自己的生活从来不与丈夫的工作相交叉，丈夫的应酬、出差、加班加点，她会全盘接受。每逢丈夫出差，她为他打点行装，打电话问候，但是从来不会让男人不舒服。很多女性朋友说她"御夫有术"，向她取经时，她总会向她们告诉她和丈夫之间的一段对话。

有一次，丈夫问她："我有多少自由？"

她指着天空中的风筝对他说："你就像风筝，可以飞很高很高，但是，婚姻中的自由极限是那个线团的尽头。在那条线的极限中，你可以自由地飞翔，这自由已经足够使你忘记那条线的存在了。"

丈夫又问："如果那条线已经放到尽头了，我还想飞得更高更远，获得更多的自由，我该怎么办？"

她说："那就挣脱那条线——如果那样的自由让你的生命更精彩更快乐的话。"

最好的爱是自由的，包括选择的自由！

最后，她总结说，自己这么做仅仅是尊重对方，信任对方，同时也是给自己预留和扩大空间。能够给爱情和婚姻自由是一种勇气，更是一种自信。

婚姻中需要一定的距离并不是对另一方心怀叵测，而是人生来就具有的独立的意识使然，也是人的生存现实使然。有人说："人太自由了容易散漫。"虽然这不无道理，但也不能曲解这话中的含义。婚姻中的女人，更应该关注的是丈夫的本性和他对你的爱。他如果真的在乎这个家，即使走到天涯海角，不用女人呼唤，他照样会回来；如果他不在乎自己的妻子，不重视家庭，即使女人用最结实的绳索把他牢牢地捆绑，用最坚固的房子把他监禁，他依然会离这个女人越来越远。夫妻之间的最远的距离是心灵的距离，心变了，一切也就都跟着变了，越是不放

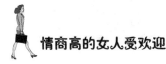

手，他走得越远。

夫妻之间的距离需要适时地调整。亲密无间在正常的婚姻中只能是阶段性的，如胶似漆的状态是不可能持久的。要保持婚姻中的亲密，便应当有意识地用距离的调整等方式来给爱情保鲜。有距离的亲密是婚姻中的技巧，是理性的认识。这种认识其实不是现在才有的，古人的"小别胜新婚"，今人的"距离产生美"，全都是经验之谈。

女人不要让自己的爱成为男人的枷锁，只有给他一片最自由的天空去飞翔，只有松开紧抓住他的手，才能帮助他飞得更高、走得更远。放开丈夫的手，其实也是放开自己的心，让自己也获得自由，让婚姻更纯净。给男人空间，才能真正将他的心留住。

适度的撒娇让女人更可爱

撒娇是女人的专利，会撒娇的女人有人疼。

什么是撒娇？撒娇是女性对自己心仪男人的一种爱的表现，是发自内心的一种爱的本能。会撒娇的女人是可爱的，会撒娇的女人是幸福的。

小时候，当女孩子犯了某种错误或者有了某种要求时，乖巧地笑一笑，拉着父母的衣袖央求几声，大人们立即心软了，本来想斥责几句，反而变成了轻声的安慰；本来不想答应的事儿，也遂了孩子的心愿。可惜随着成长，有些人竟自觉不自觉地放弃了撒娇。

第六章 婚姻生活：任性只适合热恋，婚姻必须懂得妥协

每个女人都有撒娇的心理需求。这是一种亲密的表达方式，也是一种示弱的表达方式，能够激起对方的疼爱。有人说，会撒娇的女人懂得在男人面前表现出自己软弱的一面，这样就会得到男人的怜爱；那些一味表现出坚强的一面、不懂得向男人撒娇的女人，只能自己孤独地面对一切。

撒娇是女人自然的魅力，也是女人味的体现。很多男人认为，会撒娇的女人，更可爱，更有情趣。

刘娜是市区某外贸公司的业务经理，平时应酬很多，她的丈夫颇有怨言。最近，刘娜发现自己怀孕了，她的脾气变了很多，半夜经常觉得肚子饿，于是丈夫变着花样给她买好吃的。可每次等丈夫买回来时，刘娜又撇着小嘴说："老公，我肚子不饿了，又不想吃了。可能是你儿子不想看你这么辛苦，下次你不要出去买了，看你累了我就心疼。"刘娜这样撒娇，让男人再累也觉得甜蜜。

撒娇是一种女人的智慧，能够让对方主动关心你，激起对方的同情心。会撒娇的女人总是特别有女人味，举手投足之间，总会让男人为之心动。无数生活中的事例表明，要获得男人的宠爱，撒娇不失为一种好的方法。因为大多数男人都喜欢会撒娇的女人。会撒娇的女人比那些腼腆内向、自视清高的女孩子更能打动男人的心，也更容易获得周围人的喜爱。一声娇柔的呼唤，会融化男人心中所有的不快。

林琳从上初中开始，就在学校住宿。长年的集体生活，锻炼出了她坚强独立的性格。她的人生旅程也颇为顺利，大学毕业后，她

成为当地一所重点高中的化学老师，第二年就带了毕业班，她的学生们在升学考试中取得了出色的成绩。在她28岁的时候，与在政府机关工作的男友结婚，搬进了靠两人的积蓄和双方父母资助买的新楼房。

林琳婚后的生活过得平平淡淡，她和丈夫都是知识分子，习惯于靠理论或者沉默解决两人的分歧，在平常的生活里，摔盘子打碗的吵闹虽不曾有，谁也不搭理谁的冷战却时有发生。林琳总觉得自己的生活缺了点什么，一天午休时，她把自己的烦恼讲给办公室里对桌的苏老师听。

苏老师是个40余岁的成熟女人，依然风韵十足。她听了林琳的诉苦，笑道："小林，你哪儿都好，就是太倔强了，凡事不会轻易认输。这本来是你的优点，可对老公也总是一副丁是丁卯是卯的严肃面孔，时间久了，也要防止他有审美疲劳啊！男人嘛，女人不向他撒娇使小性子，他们心里还不舒服呢。"

这席话提醒了林琳，她在思考是不是自己在家庭生活中的表现出了问题。

一天，因为林琳用家里本来要买股票的钱买了一份保险，丈夫和她发生了争执。依着林琳一向的性格，她肯定要坚持自己的看法，振振有词地跟丈夫讲道理。但这次她一反常态，搂着丈夫的脖子说："我都签了单子了，你就别生气了行吗？下次听你的好不好？"虽然不像那些惯于撒娇的小女人表现得那么轻车熟路，但是已经顺利地说服丈夫，他的眼睛里闪着喜悦的光芒。

林琳找到了做一个受娇宠的女人的美好感觉，她决定开始毕业之后的另一次重要学习，把撒娇进行到底。

第六章 婚姻生活：任性只适合热恋，婚姻必须懂得妥协

其实，撒娇是女人一种温柔的表现，是一种爱的本能，也是情不自禁的表现，能激发一个男人对她的爱。

漂亮的女人不一定能征服男人，会撒娇的女人却是男人的克星。一出手就会击中男人的"死穴"。再坚强勇敢的男人都会手足无措，把所有的英雄气概丢得一干二净。此时哪怕要男人上刀山下火海，男人也会眼不眨、心不跳地心甘情愿地冲上去。所以说，女人不一定要漂亮，但一定要学会撒娇。

马大娘自从老伴去世后，含辛茹苦地拉扯着两个儿子——马钢和马铁。眼瞅着马氏兄弟都长成了五大三粗的小伙子，马大娘打心眼里高兴。去年春天，大儿子马钢娶了媳妇，二儿子马铁也谈上了对象，马大娘心里别提多高兴了，苦日子终于熬到了头，这下自己该安度晚年了。谁知儿子却没有让老人家晚年平安。马钢结婚时间不长，新房里便时常发生战争。马钢打小就性如烈火，谁知他的妻子也不示弱，本来只有一件小事，丈夫不冷静，妻子也不忍让，针尖对麦芒，每次都是越吵越凶，到最后总能酿成一场恶战。马钢夫妇的感情渐渐淡了，双方都觉得再也过不下去，只好办理了离婚手续，各奔前程。

转眼又是一年，马铁也把新媳妇娶回了家，马大娘又担心上了。当娘的最了解儿子，马铁的脾气可不比他哥哥强多少，也是动不动就吹胡子瞪眼，弄不好就抡拳头。马大娘密切注意着这对新婚宴尔的年轻夫妻，随时准备着去排解纠纷。

这一天终于来了。不知为什么，马铁扯着嗓子对妻子大喊大叫。

马大娘闻听"警报"，立即闯进了小两口的房间。马大娘看到马铁黑着脸，拳头已高高举起。"浑小子，你——"马大娘话还没说完，却见二儿媳一不躲，二不闪，冲着丈夫柔情蜜意地一笑，娇滴滴地说："要打你就打吧，打是亲，骂是爱嘛。"这下马铁不但收回了高举的拳头，还被逗得哈哈大笑。可能发生的一场风波顿时平息了，马大娘也被儿媳撒娇的样儿逗得差点笑岔了气。日子一天天过去，马大娘发现二儿子发脾气、挥拳头的时候几乎不见了。后来，二儿子对她说："妈，我算服了她了，还是她厉害，有涵养。"马大娘也由衷佩服这个懂得撒娇艺术的儿媳妇。

可见，撒娇是幸福家庭的润滑剂，也是夫妻爱情的催化剂，适当地撒娇会增进彼此之间的感情。

女人身上最具杀伤力的武器就是撒娇，撒娇不是蛮不讲理，撒娇是用以柔克刚的技巧把自己的优势掩盖，以弱势来麻痹男人，让男人把你当成他生命中最珍贵的那部分，好好爱惜，心甘情愿地好好对待你。要知道，几乎没有一个男人可以抗拒女人的撒娇，不管一个女人的年龄有多大，有时候任性或者赖皮一下，可以增加感情的浓度。

在慢慢归于平淡的婚姻生活里，女人适当地撒娇，是一种甜蜜的调剂。那些能把娇撒得可爱而不矫情的女人，会让男人和自己都沉浸在一种永远恋爱的感觉里。

女人的赞美是男人前进的动力

俗话说："好老公是夸出来的。"的确，很多事实证明，女人给丈夫多一些赞美，在婚姻生活中会收到意想不到的良好效果。人都有爱听好话的天性，男人自然不例外。有时候，男性比女性更爱慕虚荣，所以女人应该学会赞美自己的男人。

可令人遗憾的是有的女人不懂得这个道理，总是对自己的老公诸多挑剔和抱怨，甚至是挖苦。很多男人在人前是顶天立地的硬汉，人后却像个虚弱疲倦的孩子。一个女人如果老说自己的男人无能，男人可能要么一蹶不振，要么在万念俱灰中去寻找一个能激起他希望的女人。

有一天，两个猎人一同上山打猎，各打了一只大雁。甲回家后，妻子很高兴，称赞他很能干，连飞得很高的大雁都能打到。乙则完全不同，回家后妻子埋怨他没本事，从早到晚只打了一只大雁。结果第二天出现了完全相反的情况。甲想，打了一只大雁算什么，我还要打更多的猎物给妻子看看，于是干劲十足地上了山。乙则情绪低落，上山后懒洋洋地睡大觉，他要让妻子知道，大雁并不是那么好打的，弄不好连一只都打不到呢，傍晚时两手空空回了家。

情商高的女人受欢迎

在任何时候，妻子的夸奖都是对丈夫最好的激励。每个男人的成功都离不开妻子真诚的赞美和激励，这是很值得妻子去尝试的行为，而且一定能使自己心爱男人那潜藏在内心的能力充分发挥出来。作为女性，不要对男人过于苛刻、过分挑剔，更不要拿别的男人和他来比较，应当温柔地鼓励他、赞赏他，为他打气加油，努力寻找他身上的闪光点。当他把一件很平常的事情做得非常圆满，当他向他的梦想迈出了小小的一步，女人就应该马上开始赞美他，这个时候女人的赞美不仅仅是一种肯定，而是在为他增强自信，女人的赞美会让男人感到有责任更努力地工作，为了家庭、为了妻子、为了两个人以后的美丽人生而努力奋斗，从而获得更大的成功。

小敏和老公结婚已经两年了，可老公很懒惰，家务活不得不由小敏独自承担。其实这本来也不是什么大问题，可问题是小敏的工作越来越忙，真是有点吃不消。她和老公说过多少次了，他就是不做。因为他从小在家里娇生惯养，虽然结婚了，还是四体不勤，五谷不分。两人为此吵过很多次。有一天，小敏从一本杂志上看到，一个妻子为了让丈夫做家务，就采取赞美的方法来激发丈夫做家务的热情，后来，那个丈夫还真的变得比以前勤快许多。小敏一想，老公也是个爱听赞美的人，于是她也想用这个方法达到让老公做家务的目的。

有一天，小敏故意请了几个闺中密友到家里来吃饭，并当着朋友的面夸老公做饭的手艺很好，朋友听了都说要小敏的老公今天多做些好吃的。听了小敏的夸奖，她老公的心里可不怎么好受，因为他什么都不会，如果过会儿做出来的饭很难吃，就很没面子。可当着几个朋友的面，他只有干笑着说好。小敏知道老公的底细，所以对朋友们说："大家等一会儿，我得给老公帮忙。"说完就和老公去厨房做饭了。

到了厨房，老公一个劲地埋怨小敏，可小敏却说自己这是为了老公好，如果朋友知道他连饭都不会做，还不笑话他。听小敏这么说，老公也不好再说什么。于是，小敏掌勺，老公打下手，但是每端出一个菜，小敏都说这是老公的杰作，让大家多尝尝。朋友也纷纷夸奖菜做得好吃。

破天荒，那天吃完饭后，老公主动地去洗了碗，以前可是小敏要求无数遍，他却置之不理。小敏知道自己的赞美发生了作用。

从那以后，小敏经常约朋友到家里吃饭，而这时，老公总是会到厨房去，由开始的帮忙，慢慢地变成了掌勺。

后来，老公终于开始主动下厨了，而小敏也从家务事中解放出来。

其实，小敏老公的变化，归功于小敏在那样一个特定场合的赞美，因为小敏的老公不想让朋友知道自己连饭都不会做，不想被别人笑话，所以，他有意无意地学着做饭，小敏的目的终于达到了，两个人开开心心地生活，再也不会因为做家务而不断地争吵了。

女人要学会赞美男人，夸赞与表扬能给男人带来最大的成就感，如果你一直都批评他家务做得不好，总有一天他会厌烦的，到头来还是你把事情往自己身上揽。但是如果你多多表扬他，适当地提建议，像钓鱼一样收放自如，男人就会尽量把事情做好，作为一个女人，你也就不用这么累了。俗话说："聪明的女人多说话，愚蠢的女人多做事。"当然这有些片面，但是不能说完全没有道理。

　　每个人都有被人肯定的需求。在婚姻生活中，妻子是和丈夫相守时间最长的人，也是最有机会了解和影响丈夫的人。来自妻子的夸奖对丈夫有很大的鼓舞，能够有效地增加他工作和生活的信心，而且夸奖能带来幸福生活，因此，懂得夸奖丈夫是幸福女人必须掌握的技巧之一。

　　汤姆·乔斯顿是个"二战"退伍军人，他的一条腿有点跛，而且上面疤痕累累。幸运的是，他仍然能够享受他最喜欢的游泳运动。在他出院后不久，他和太太到海滩度假。在做过简单的冲浪运动后，乔斯顿躺在沙滩上享受日光浴。但是，他很快便发现大家都在盯着自己看，并且窃窃私语。从前，他从没在意过自己满是伤痕的腿，但是，现在他知道这条腿非常引人注目。于是，当他的太太提议再到海滩去游泳时，乔斯顿拒绝了，他说宁愿留在家里也不想去海滩。他太太的想法却不一样："我知道你为什么不想去海边，你开始对你腿上的疤痕过于介意。你腿上的疤痕是你勇气的标志，你光荣地赢得了这些疤痕，为什么要想办法把它们隐藏起来呢？你要记得你是怎么得到它们的，而且要骄傲地一直带着它们！好了，现在我们去游泳。"那天，乔斯顿快乐地去了海滩，因为她已经扫除了他心中的阴影，他说："我的太太向我说了我一生都不会忘记的话，这些话使我的心里充满了喜悦。"

　　好男人是夸出来的，只有毫不吝惜地赞美他，让他深刻感受到你的爱意与体贴，让他在你的赞美中觉醒和奋起，婚姻才会更美满。所以，女人应该学会用欣赏的目光和赞美的话语去激发男人的智慧和潜力。即便他很普通、很平凡，但如果你用伯乐一样的慧眼去发现他不为人知的闪光点，用自己的激情和爱为他鼓掌、捧场，拴住男人的心就不是一件难事。

别让男人丢面子

中国人往往讲究面子，一个人可以吃哑巴亏，但最怕别人当面说到他的痛处。只要有人触及了这块伤疤，他一般都会采取一定的方法进行反击，以获取心理上的平衡。夫妻之间也是如此，男人不仅仅满足于被爱，他更渴求得到尊重和理解。如果女人当面让他下不了台，使他的自尊心受伤，他就有可能产生敌对心理。

周日，丈夫陪着苏菲上街购物。在热闹的商场里，两个人兴致都很高，从这个柜台逛到那个柜台，买了这件又看那件。因为高跟鞋磨脚，苏菲有点不耐烦了。正在这时，丈夫提出再买一件衬衫，苏菲就阴阳怪气地说："你还有完没完啊？见什么都买，你是大款啊？"声音也不大，但周围的人都望向这边。丈夫本来微笑的脸顿时就变了样，生气地反驳道："我就不是大款！有本事你找大款去！"接着他撇下苏菲，怒气冲冲地走出了商场。苏菲不解的是，平时丈夫对她温柔体贴、百依百顺，从不大声说话，刚才还好好的，今天的火气怎么就这么大呢？

很明显，苏菲说话时没有顾及丈夫的感受，伤害了丈夫的自尊心，才引得丈夫动怒。

男人爱面子，在人多的时候，男人更会视面子为性命。如果你不分场合，也不管有什么人在场，不给男人面子，损害了他的形象，他会感到很狼狈、颜面扫地，家庭矛盾自然不可避免地产生。

面子对于所有的男人都是相当重要的，你损伤了男人的面子就相当于摸了老虎屁股，肯定会被咬伤，所以丢男人面子的话一定不能说。

凌子带着老公和自己的一个朋友在咖啡馆里闲聊，聊着聊着就说起彼此的老公怎么样。两个女孩的老公都在投资公司工作，但收入却有相当的差距。凌子说："你真幸福，嫁了一个有本事的老公，你看看我那位，比起你老公来差远了！"凌子转向老公继续说道，"都是做同样的工作，差距怎么就这么大呢！"虽然她认为自己在开玩笑，但丈夫还是一脸的尴尬。

在朋友、同事面前数落老公是最傻的行为，那样会彻底击垮他的自尊，而且他也会在心中恨你。

男人最无法忍受的就是自己的尊严被践踏，尤其是被深爱的女人践踏。男人的自尊如同玻璃一样易碎。女人遭受到打击，遇上伤心事，可以用大哭来发泄，然后淡忘；男人被伤了自尊，不能像女人那样哭诉，也无法启齿，只能默默地承受折磨。所以请不要随意拿男人的自尊开玩笑，而是应该竭力保住他的自尊。

女人要知道，给男人留面子，不仅可以维护他的尊严，更可以展现自己的大度与自信。如果一个女人把自己的爱人批评得一无是处，那么，别人对她的评价也不会好。所以，如果女人不给爱人面子，也就丢了自己的面子。因此，女人要花心思维护爱人的面子，把婚姻经营得和谐美满。

王先生和妻子一同开了一家餐馆，生意很兴隆。一天餐厅打烊时妻子正为一件事大发脾气，王先生怕挨打，情急之下逃到餐桌底下。恰好这时候有位熟客返回来寻找遗失的东西，正好撞到这滑稽的一幕，王先生很是尴尬。这时八面玲珑的王太太急中生智地拍拍桌子说："我说抬，你非要扛。正好来帮手了，下次再用你的神力吧！"一句话巧妙化解了尴尬，还保住了丈夫的颜面。事后王先生直夸夫人反应快，还主动把餐馆里更多的事务揽到自己身上。

有时只是一句体贴的话，就能替男人解围。男人的自尊需要被保护，就像女人的脸蛋需要被精心地保养一样。

男人向来都是视面子如生命，即使那些在家里毫无地位的人，一旦站在他人面前，都要充当男子汉。没有哪个男人会说自己在家里事事都听妻子的，那样会有损他男人的尊严。而聪明的妻子懂得事事处处都给丈夫留面子。

笑笑是一位能干的女人，也是一位聪明的女人。她在某跨国公司做部门经理，挣的钱比老公多一倍，老公心里本来就有些尴尬。但笑笑在家里绝对不是对老公颐指气使的女人，也不因为自己比老公聪明而处处显示自己。相反，她越是在人多的地方，越会给足老公面子。

一次，邻居因为电脑出现了故障，请笑笑帮忙修理。正好老公在家，笑笑便对邻居说："不好意思，这个我不会呀。"接着她又指着老公说，"这不，守着能人哪。我老公喜欢钻研电脑。老公，帮他去看一下吧。"邻居一听，忙说："没想到这儿还有高人。"老公一乐，这些话绝对让他脸上有光，一会儿他就帮邻居修好了。

每当笑笑与老公一起吃饭，服务员让点菜时，笑笑总是望着老公说："你说点什么好呢？"之后对服务员说，"我对点菜不在行，还是让我老公决定吧。"笑笑总是安安静静地吃饭，让老公掏钱埋单。

丈夫在大家面前既得到了妻子的赞美，又享有充分的话语权和决定权，他怎能不疼爱妻子呢？

一个女人想要让自己的男人成为强者，首先你就得像对待强者一样对待他，维护他的自尊。每个人活着都是有尊严的，而给别人尊重比给他什么都更重要，对于男人来说尤其如此。女人更应该去保护男人的自尊心，一定要在外人面前给足男人面子，不嘲笑男人的任何一种要求或是建议。

聪明的女人会给男人留足面子，就算在家里是女人做主，在某些场合或是某些人面前，她也一定会给男人留足面子。这样的女人一定会博得丈夫的欢心，更会让他们的生活有滋有味。所以说，懂得给老公留面子的女人，往往生活得比一般女人更幸福。

第七章　管理财富：
　学会投资理财，
　　经营幸福人生

你不理财，财不理你

女人要想生活得幸福，不能把希望寄托在别人身上，不管那个人有多爱你，多么愿意为你付出，他也只能是你生活的帮手。女人只有自己掌管金钱，才能把握命运，须知世事难料，财富可以给你很多的保障。

宁小雨今年23岁，工作有一年多了，每月工资3000元左右，单位买三险。虽然月收入不高，但宁小雨却是一位有着充分的理财意识的女孩。

宁小雨平时在亲戚家吃住，平均每月花费1500元左右，一年给交父母3000元左右。目前宁小雨有存款15000元，她买了一份1180元/年的人寿保险，在基金上投资了1万元，还有每月400元的基金定投，在股票上投资了3000元。

宁小雨算过一笔账，除去日常支出，虽然自己每月节余有1500元，但只能勉强维持每月400元的基金定投投资。现在的重点在于如何提高收入，广开财源。

宁小雨给自己订的理财目标是在保障自己身体健康和父母养老资金的前提下，让资产快速增值。她坚持做每月400元的基金定投，准备等收入增加后再提高投资额度。为了提高流动资金的收益，她还准备过段时间购买5000元的债券型基金。

情商高的女人受欢迎

　　宁小雨有自己的目标，她会在开源上多下功夫，努力工作，争取提高收入。为了自己的后半生，宁小雨决定趁着年轻，多做些投资。

　　张爱玲曾说过："成名要趁早。"理财也是如此。年轻的女性拥有更多的梦想和能量，学习理财的最好时机就是青年时代。把你的热情投入理财投资之中，不仅可以得到经验，还会为今后的幸福人生打下坚实的根基。

　　张女士是一个善于理财的人。她刚参加工作时，每月收入相对稳定，除了日常的生活开支外，尚有一些闲钱，属于人们常说的那种典型的"工薪阶层"。在别人还不懂得何为理财的时候，她就开始思索怎样使这部分钱最大限度地保值，还有最大限度增值。后来，她终于琢磨出了一套适合自己的组合投资方法。

　　首先，张女士将闲钱的35%存于银行。不过，她不是单纯地把钱存起来，而是精心选择了一种自认为最佳的方式进行储蓄。那就是：50%存一年定期，35%存三年定期，15%存活期，这样储蓄就可以实现滚动发展，既灵活方便，又便于随时调整最佳投资方向。接着，她取出存款的30%买国债。投资国债，不仅利率高于同期储蓄，而且还有提前支取按实际持有天数的利率计息的好处。比如张女士所购买的国债，年收益就比同期的银行定期储蓄利息收入高出1%。然后，她又用20%的钱投资基金。基金具有专家理财、组合投资、风险分散、回报丰厚等优点，一般年收益都比较高。最后她还用存款的5%购买了保险。张女士认为，购买保险也是一种对风险的投资。比如养老性质的保险，不仅有保障作用，而且也是长期投资增值的过程。就这样，她根据自己创立的组合投资法，不仅使自己的闲钱得到了保值，还获得了很高的经济效益。

凭着自己的组合投资小挣了一笔，张女士已经享受到了理财所带来的便利与快乐，接又开始寻思着更适合自己的理财方案。以自己手头能用的钱为基础，比较时下各种投资项目，把钱就放在银行有些不甘心；炒股、炒汇风险太大，她输不起；投资艺术品她也不懂行……想来想去，她决定投资房地产。

当时，张女士其实也没有多少钱。第一套房是老公单位分的，现在就住在那里。后来她发现很多新来的同事都在外租房住，于是就在一个新开发的离市区有点远但交通相当方便的小区买了三套房子。张女士的眼光很特别，别人都买大房子，她却在内部认购时买了三套小公寓。因为是期房，又是内部认购，那时只需2000多元1平方米，三套房子花了不到30万元，而且首付不到10万元。三套小公寓很快就全部租出去了，每套600元，每月有近2000元的收入，用来还房贷，绰绰有余。不出10年，这三套房子就全属于她了，而且还可以不停地出租下去。

买房出租收房租，是最简单的赚钱模式，最省心省力，收入也有保证。房子的水、电、煤气、电视、管理费等费用全都由房客支付，自己收的是纯利，何乐而不为呢？

最近，张女士准备在郊外再买一套公寓，平时住在城里的一套房子中，这样上班离单位近些，孩子上学也近些，一到周末就全家乘小区巴士，住到郊区的房子里过两天悠闲的郊外生活。

购物、美容、健身、旅游、炒股……张女士工作休闲两不误，事业生活皆精彩。早理财早受益。女性朋友们，与其羡慕别人，不如积极行动起来，凭借自己的理财智慧，获取更加幸福的生活。

理财不能靠一时冲动、心血来潮，也不能投机取巧、全凭运气。理财是一门需要通过学习和实践来掌握的学问。女性理财可分为三个阶段，依照不同年龄、阶段需求做适度调整，让自己成为财富的主宰：

第一个阶段：20～30岁

进入职场才几个年头的你，除了累积职场经验与社会认同外，更重要的是趁未有家室之前，积累投资理财的本钱，否则两手空空，连眼前的生活都成问题，何谈投资理财？

等到手边有了一笔闲钱，便可以开始进行投资，由于年轻人有承担高风险的本钱，适度投资高风险、高收益的产品，能快速累积财富。

第二阶段：30～40岁

在财富逐渐累积至一定水平后，接下来就要精打细算了，不仅要让现在的日子过得更好，也要让老年生活更有保障与尊严。这个阶段女性最大的开销多以购置房产为主，已婚女性要准备子女的教育基金，以免日后被庞大的教育费用压得喘不过气。

此外，不断为家庭贡献的女人，也别忘了要好好爱惜自己，加强保险意识，并依照自己需求分配保单比重，为现在及老年生活打基础。

第三个阶段：40岁以后

40岁以后的你，孩子大了，经济状况也稳定了。这时，该考虑夫妻俩退休后想过怎样的生活。尤其是往后接踵而来的医疗费用支出，的确是一笔不小的开销。这个阶段除了强调保本，也应增加稳定且具有固定收益的投资。

不做"月光族"

现在年轻的女性流行一种享乐的消费观念，她们每月的收入全部用来消费和享受，每到月底银行账户里基本都会清零，所以就出现了"月光女神""月光一族"（每月工资都花光，俗称"月光族"）这样的说法。

"月光族"具有的基本特征是：每月挣多少就花多少。往往这些人穿的是名牌，用的是名牌，吃饭就下馆子，可是口袋里一般都是空着的；她们偏好消费，讨厌节俭，喜爱用花掉的钱证明自己的价值，她们认为钱花出去了才有价值；她们还常常认为会花钱的人才会挣钱，所以每个月辛苦挣来的钞票，到了月末总是会花得精光。

搞IT的李小姐刚毕业两年，月薪近万元。因为单位离家很远，她就在公司附近租房子住，每月租金2000元，一个月生活费3000元，剩下的就是交际和置备一些电子产品。平时除了请朋友、同学和同事吃饭、唱歌和出去玩，每月还有同行自发组织的交流会，又不免破费。最大的花销是不断添置电子产品。因为是做IT的，她对一些流行的、新潮的产品和信息有着浓厚的兴趣。智能手机刚出来，她就入手一台。刚刚出了iphone6s，她就迫不及待花了大半个月工资买了一部。她解释说，买iphone6s的一部分原因是工作需要，因为公司要不断地研发手机互联网产品，最重要的原因是自己对iphone6s有着浓厚的兴趣，想自己亲身体验一下。别人问她现在有多少存款，她说一分没有。

　　年轻的女性理财意识总是比较淡的，她们往往刚参加工作，薪水低，但花销大，工资总是撑不到月底。所以其中绝大部分人还没来得及享受自己养活自己的快乐，就已经被推到了生存的边界线。也许她们会说，收入本来就勉强维持生计，除去开支所剩无几，根本就无财可理，但是她们可能忽略了一个重要方面，就是理财不但要开源，也要节流，钱少的人更需要合理地安排和规划自己的支出，花好每一分钱，提高自己的投资意识，尽量获得高回报率，使自己的财富增值。

　　理财是一门学问，很多女性的理财观念是从赚钱的时候才开始培养的。然而当很多年轻女性走上工作岗位以后，都会有一个共同的感触，那就是钱不够花，于是就有了破罐子破摔的想法，放弃理财计划，从此陷入财务恶化的循环中。其实，问题或许不在于收入多寡，而在于使用金钱的方法。女性理财的第一步就是要懂得开源节流，不论如何，首先要控制自己的消费，先存下一笔钱，作为投资的本金，接下来才能谈加速累积资产。

　　对于金钱左手进右手出的"月光女神"来说，最好不要留太多现金在手里，可以选择一些银行理财产品，可以按照事先约定的日期、金额等条件，自动实现活期账户与各理财账户之间的互转，方便省时，免去了多次往返银行办理业务的麻烦。下面刘小姐的事例或许会给年轻的女性朋友们一些启示：

　　刘小姐是某知名学府会计系的毕业生，在北京一家大型企业做财务工作。由于对银行业务比较熟悉，所以在工作之初她便展开了理财计划。

第七章 管理财富：学会投资理财，经营幸福人生

毕业第一年，刘小姐的收入并不高，每个月的税后收入只有2400多元。拿到了最初两个月的工资，刘小姐置办了一些生活必需品。从第三个月开始，她根据自己上两个月的财政支出情况，制订出了每月的实际支出金额，从此时开始存款。

每月发工资后，她将1000元钱留作日常开支，剩下的1000多元存成一年定期，每个月都存一次，如果当月的工资没有全部用完，她也将其存起来。等这些存款到期时，她如果有大件消费计划，就拿出来用，没有时就将存款及利息取出后转存一年定期。

到了年底，刘小姐通过"滚雪球"存款的理财方式，再加上年终奖，她的银行存款已经达到20 000元。

参加工作一年后，刘小姐的工资已经涨到每月3000元，税后可拿2800多元。此时，她每月储蓄的金额也有所增加。工作第二年年末，由于刘小姐工作积极，业绩突出，被单位提升为财务部副经理，月收入增加到了4000元。而这时，她的银行存款也达到了40 000元。

参加工作4年后，刘小姐购买的国债到期，本金加上利息总共38 000多元，银行存款也超过60 000元……

俗话说："你不理财，财不理你。"你如果想做一个幸福的女人，过幸福的生活，有些问题是在你年轻时就必须要考虑的。

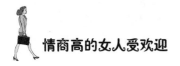

理性投资，做一个拥有财富的聪明女人

有一个穷人在路上捡到一个鸡蛋。回家后，他高兴地对妻子说："我们可以致富了，我们现在有了一个鸡蛋，我们可以把这个蛋借邻居家的母鸡孵成小鸡，鸡长大又生蛋，再孵小鸡，卖了小鸡再买牛，卖得的钱可以放债。日复一日，年复一年，我们就可以得到更多的钱……"

从这个寓言故事中可悟出一个道理：如果这个人不把得到的蛋拿去孵小鸡，而是吃掉，恐怕难以实现致富目标。所以说，养成一种理财的习惯，善用财富，合理地进行投资，才能为自己未来的富足生活创造一个源源不断获得收入的渠道。这是新时代女性最可靠的选择。

今年27岁的张芸，可算是众多白领女性中的投资高手。她每月的收入有5000多元，对于自己这份收入，她制订了详细的理财计划，这当然离不开一些理财咨询中心对她的帮助。现在，她的投资领域相当广泛，股票、债券都有涉足。

几年前，她看到办公室里有几位同事炒股赚了钱，于是按捺不住，也拿出1万元去证券公司开了户。那时候，她看到有一只股票的价格不高，一股只有9元多，于是就买了1000股。让她想不到的是，打这之后，该股的价格一路上扬，最终居然使她获得了近三倍的赢利。她尝到了钱生钱的甜头，以后就一发不可收拾了。现在，每天回到家，料理完家务，她都要研究一下自己制作的现金流量账户，以确定下一步的投资策略，她还适时地通过书籍、报纸补充投资理财的知识。功夫不负有心人，她的资产也在不断地增长。她说："理财，就是要为将来做准备，以后孩子上学以及买房子都有可能要大笔地花钱。所以，趁着现在年轻，收入高，应该早早地做好理财计划，以后就不会有后顾之忧了。"

作为一个女性，你不一定要才高八斗、智商过人，但一定要最有效地利用自己身边有限的资源，巧妙安排，将其转化成看得见摸得着的财富。所以，女孩们在日常生活中，不能跟钱过不去，不能只把钱花在吃喝玩乐、逛街享受上。适度的消费当然是必要的，但更重要的是要学会把钱投到最值得投入的地方。

投资是一种习惯，一个女人如果能养成投资的好习惯，就会改变自己的生活状况。这样的习惯可以让我们所拥有的财富在保值的同时很好地增值，可以令我们获得固定收入以外的收获，不但可以给我们的生活平添乐趣，还可以让我们的生活更加优越。所以，女性朋友们不要再糊里糊涂地过日子了。以后的路还很长，从现在起，开始学着投资，平时看些投资经营方面的书。不管现在你的收入有多少，都要为自己的明天打算。

下面介绍几种类型的投资：

1.买房

买一套属于自己的房子，拥有自己的资产能使你感到安全、稳定。买房子是一种投资，房地产市场正处于上扬阶段，投资收益是非常可观的。事前作好市场调查是必要的，然而价钱不要超过自己所能负担的范围。如果你把自己的需求告诉几家中介公司，你就可以找到合适的房子。

买房时可以利用有贷款、二次贷款等方式，创造一种长期的投资。只要你拥有自己的家，就可以运用这种贷款方式创造财富。

2.储蓄

永远储存一笔钱作为急用经费。不管你赚多少钱，都要有存款。最好是存下你收入的10%，先把该存的存起来，然后再付账单。储蓄以定期存款为宜，利息收入再投入储蓄本金。你可以利用一点一滴累积的财富，作为紧急之用或用于特殊场合。

3.集邮、钱币收藏

时下，邮市已走出低谷，而且纪念邮票开始全部实行预订，即纪念邮票不再向社会公开零售。为此邮票市场一定还会呈现出良好势头，但邮市行情起落幅度相当大。币市从禁止非法买卖人民币的规定出台后，钱币价格一跌千丈，但有跌便有涨，币市也有一定的回升潜力。

4.保险

投保未出险情时如同储蓄，出了险情可以提供一定的保障。

虽说保险好处多，但现在它仍不能完全与银行储蓄相比，储蓄可以随时支取，保险则是在保值、增值的同时，在发生意外事故后才能给予赔偿，保险不能不买，也不能过量。

5.股票

股票的流动性很好，基本上可以随时兑现。从收益性来说，股票总体而言收益率较高，但股票市场风云变幻，起伏不定，风险也很大。可以以长期投资的心态少量购买，即使被"套牢"，也不会损失太大。

6.国债

由于免征利息税等优惠措施，目前国债的收益率比定期储蓄要高，国债的兑现也不难，只需到银行储蓄网点办理提前支取即可。凭证式国债有一个缺点，就是不到半年提前支取不计息。国债超过半年后，如果提前支取，不像储蓄一样按活期计算利息，而是按各个档次分段计算利息，另外国债提前支取要收取一定的手续费。

　　财富是累积所得，理财知识也不能一下子就掌握。现代女性应在成功和失败的投资经历中不断总结经验和教训，理智投资，这样，你的财富一定会逐渐增长的。

理性消费，避免掉入商家的陷阱

　　随着商业竞争的白热化，各商家推出了五花八门的优惠、打折、赠礼包等促销活动。对此，女性消费者一定要克服低价诱惑，头脑清醒地看待夸张的宣传，理性抉择，别闹出"占小便宜吃大亏"的尴尬。理性消费，不是要求拥有一双孙猴子的火眼金睛，而是要有一颗理智的心，理性地选择消费商品及场所。

　　那么，该如何应对才能避免掉入这些消费陷阱呢？下面，笔者将对主要的消费陷阱进行列举和分析，希望能给广大女性朋友提供一些相关的知识，让大家提高警惕。

　　1．商场打折销售陷阱

　　以前是逢年过节商场的商品才打折出售，现在打折对商家来讲已经成为家常便饭。有的商场甚至是月月打折、天天打折。消费者在获得打折实惠的同时，也会面临很多的打折陷阱。

　　比如，一些商家靠虚高的价格欺骗消费者，有的赠品没有实际使用价值，有的赠品甚至是"三无"产品。商家对于这些赠品往往不开发票，一旦这些赠品发生了质量问题，商家常常拒绝承担更换、赔偿等责任。有

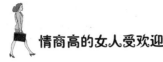

的商家利用商品打折的机会把一些滞销品、残次品出售，并且不予退换。有的商家打出宣传标语"全场购物3折起"，实际上只有极少数商品是打3折；有的商家先抬高价格再打折。所谓的原价、现价都是商家编造的，根本不可信。

有的商场在打折的时候推出各种各样的购物返券，比如"满100送100""买100送100"等形式的返券，其实是商家诱导消费者循环消费的惯用伎俩。一方面，消费者必须购满规定数额商品才有返券；另一方面，由于返券在使用上有一定的局限性，如限定使用区域或使用时间、代金券购物不找零等。消费者为了花掉手中的返券，不知不觉中就陷入商家设置的循环购物陷阱之中。

2．会员卡陷阱

近年来，预收款方式消费导致的消费纠纷不少，存在于我们生活的方方面面，尤其以美容院、理发店、健身房和洗浴中心等服务性行业居多。由于服务性行业的特殊性，导致很多时候人们只能听之任之，有口难言。一些店家等以优惠价格吸引消费者购买会员卡后，或以"换老板"为由，拒绝继续为消费者提供服务；或干脆人去楼空，使消费者的会员卡变为一张废纸。当会员卡宣传与实际服务不符，消费者要求退卡时，经营者往往以"最终解释权归商家"或"此卡一经售出，概不退卡"为由拒绝。

在这里我们要提醒广大女性消费者，要理性消费，办卡时不要充值过多，同时在办理各类会员卡、优惠卡之前，一定要看对方证照是否齐全，会员卡是否加盖商铺公章，并索要正规发票，保留维权证据。

3．数码产品销售陷阱

随着科技的迅速发展，数码产品的种类不断丰富、功能不断完善，已经成为人们消费的新宠。由于普通消费者缺乏相应的选购经验，在购买这些电子产品时，很可能会面临以下的销售陷阱。

（1）"转型"销售。所谓的"转型"销售是指销售员以"实际效果很差"或者缺货为由，让不明内情的消费者放弃自己原来看好的机型，转而购买那些价格更高、利润更高或者不畅销的产品。很多消费者在"专业人员"的强大心理攻势下，花更多的钱买回了超出自己预算的机型。

（2）"水货"与翻新二手货当新品卖。有些电子产品经销商以超低价格推出某款产品，但又大多不敢开发票，或者提供假发票。不言而喻，这款产品大都是"水货"或者是翻新二手货。因此，在购买电子产品时，一定不能光图便宜。

（3）配件陷阱。为了吸引顾客，很多销售商把产品的价格报得很低，甚至低于进货价。但是有哪个商家愿意做赔本买卖呢？其中奥妙就藏在搭配销售的配件之中。比如买数码摄像机，一般要配存储卡、第二块电池，以及原装包之类的产品配件，这些高价配件就是经销商的盈利点。

4．中奖陷阱

很多不法之徒都会通过手机短信、电话、网站、邮寄等方式告诉你中了大奖，奖品包括轿车、现金、笔记本电脑、手机，等等。同时他们告诉你要先缴纳手续费、公证费和税金之后才能领取。有些人为了获得大奖，兴奋之余就会将几百元、几千元甚至几万元的费用汇入骗子指定的账户。骗子收到汇款后，就会从人间蒸发。

得到任何中奖信息，消费者不要急于兑奖、急于汇款，而是要冷静辨其真伪，必要时可通过当地工商部门及当地公证处查询。

5．电视、网络销售陷阱

现在只要一打开电视机，里面就会充斥着各种各样的广告，一些商家在电视购物节目中对所售商品进行夸大宣传，对商品的质量、功能等进行虚假宣传，从而设置消费陷阱。因为消费者无法直接接触商品，一些不良商人借机销售一些"三无"产品坑害消费者。

　　而随着互联网的迅速发展，很多商家都利用互联网销售商品，一些不法之徒也会乘机利用互联网行骗。因此，在通过网络购买商品时一定不要贪图便宜，应通过正规的渠道去购买。

　　消费陷阱还有很多，比如旅游中的零团费陷阱、婚介陷阱、求职陷阱、婚庆消费陷阱、看病医托陷阱，甚至连殡葬消费都存在陷阱。总之，无论商家怎么忽悠，理性消费才是避免消费陷阱的关键。尽管有一些商家存在虚构原价、虚假折扣、模糊赠售、隐瞒价格、附加条件等销售陷阱，但只要保持清醒的头脑，理性消费，相信再怎么忽悠，消费者也不会上当。

从今天开始，做个会记账的女人

　　"你有记账的习惯吗？你的钱都是怎么花的？"这个问题让很多女人难以回答。因为在现实中，许多女性朋友的钱都花得糊里糊涂，因为大部分女性都没有记账的习惯。这实在是理财中的一个大忌。

　　伍月明，25岁，未婚，在北京某企业做经理助理，月薪3500元。她是典型的都市"月光女神"，每月的薪水都会花光，甚至有时还得向家里要，不知道钱都花到哪里去了。在理财专家的建议下，她开始记录自己的日常收支。下面是她一个月的开支：

　　还车贷：1200元

衣服：960元

化妆品：420元

娱乐：360元

其他费用：400元

总计3340元，其中现金支付1850元，信用卡支付1490元。

让我们一起来分析一下伍月明的开支。在这3340元的开支中，衣服和化妆品是大头。作为一名女性，买些漂亮衣服和化妆品是应该的，但3500元的工资，1380元用在了这上面，超过了三分之一，有些过了。伍月明说，这个月花得多了点，平时每月花在这方面的钱大约有600元，好在伍月明是和自己的父母住在一起的，基本是在家吃饭，因此少了房租、水电、吃饭等费用。不然，伍月明一个月花费就更多。

原来不记账的时候，伍月明每个月只是感觉到钱不够花，但又不知道钱都花到哪去了。每到月底她就盼着发工资，发了工资后的第一件事情就是去银行还信用卡欠的账，接着再去商场疯狂买东西；下个月，又是盼着发薪水、还账、买东西……周而复始，陷入了恶性循环。

伍月明开始记账之后，月底一统计，发现自己竟然在服装和化妆品上花了那么多的钱，真可谓触目惊心，其他方面也有不少不必要的开支。于是，伍月明在第二个月的时候，有意识地控制自己在衣服和化妆品方面的开支，结果，一个月下来，总共才花了2600元，省了差不多800元，她终于不再是"月光女神"了。

"千里之行，始于足下。"做理财规划必须从节省日常开支着手，而最有效的办法就是养成记账的习惯。每天养成消费记账的习惯，可以了解自己每月的消费特点，通过记录，合理规划日常开支。同时，还能清晰地了解自己在哪些地方支出多了，便于进行调整。记录每笔支出，坚持两三个月，就可以发现哪些费用是可以省下来的，养成消费的好习惯，以此来逐渐培养自己的理财能力。

女人要管理好自己的钱财，就应该学会记下清单和账单。记录每天收支是很重要的，它是建设你的财富大厦的坚实基础。而记录自己日常收支的工作，其实是很简单的，只要按照时间、花费、项目逐一登记，就知道每一笔花费用在何处了。

常静是个精明的女人。在接到招商银行寄来的信用卡账单之后，常静不禁皱了皱眉头，根据这张账单的显示，除了每月固定的房贷支出外，最大的花费居然是通信费用。她经常与国外的客户联络，拿起手机就打电话，导致通信费居高不下。看了这张账单后，常静立即开始控制该项支出，能用固定电话的时候尽量不用手机，手机只用来接听，同时运用网络和国外的客户联络，结果每个月起码省下了500~600元。

记账，是一种看似琐碎实则大有益处的习惯，它能帮我们每个月节省不少开销，然后可以把钱投入未来的理财计划之中。记账最明显的作用就是使家庭每月节约不少不必要的支出，还能改变你的理财观念，让你学会控制收支的方法。

用一个小账本，将日常的消费支出都记下来，每月进行比较和总结，看看哪些钱该花、哪些钱不该花，在下个月的消费中就会注意，从而节省开支。其实记账不仅实现了统计功能，更重要的是起到心理上的自我监督作用，特别是对于难以控制自己消费欲望的人来说，记账的同时也是给自己提了醒，在一定程度上可以抑制盲目消费的愿望。

记账是一项烦琐而难以坚持的工作，说起来容易做起来难。家庭事务大部分都是一些零零碎碎的小事情，特别是家庭开支都很细碎，如果采用流水账记账法，复杂、枯燥，工作量也大。最好采用家庭理财软件来记账，这种软件很多网站都有可以免费下载的版本，例如"账客网"。你可以找一个自己用得最得心应手的，利用它来记账理财。此外，在一些网络记账平台上，记账人还能对自己的消费进行评估、总结，和"账友"们的交流也能让枯燥的记账变得有趣起来，这些功能都有助于坚持长期记账习惯的养成。

经济独立才是真正的独立

在现实生活中，很多女性持有这样一种观点，就是干得好不如嫁得好。她们将婚姻当成自己的依靠，却忽略了一点，经济不独立的女性，就算自己的家人或另一半再怎么有钱，心里也会隐隐地有种不安全感，毕竟伸手向别人要钱的滋味是不好受的。

张瑶在念大学时，是学校里的传奇人物。她不仅长得漂亮，而且多才多艺，无论是歌唱、舞蹈、美术还是运动，她都有着超凡的天赋。所有人都觉得她的前途一片光明。可是，几年后，同学们却意外地听到了关于她的负面消息。原来，她把人生的希望都放在寻找"金龟婿"上，指望因此过上天天可以衣来伸手、饭来张口的生活，所以她坚持"不进修主妇课程，不做家事，不煮饭"。

张瑶对白马王子的要求很高，但幸运之神却一直没有眷顾她。寻

情商高的女人受欢迎

寻觅觅直到而立之年，她才交到一位在证券交易所任要职的男友。神仙眷侣般的生活过了不到半年，男友便开始质疑她为何整天在家不工作，也不做家务，两人开始时有争执。

张瑶因为把全部的希望都寄托在男友身上，因此一点钱都没有存下来，同时，因为两人的感情基础并不稳固，男友又开始和年轻的女性交往。虽然眼角处已有细细的皱纹，脸上肌肤的弹性也大不如前，她还是不愿意接受这样的现实，依旧希望能寻找到她的"救世主"。

婚姻是找一个体贴的伴侣，而不是长期饭票。女人愿意嫁给有钱男人的想法无可厚非，但是嫁给有钱的男人不代表女人可以不工作或财务上不独立。一个完全要老公养活的女人很难说是一个独立的女人。

许多单身女性都以嫁个有钱的老公为第一目标，以为生活会因此而有保障。其实，天有不测风云，男人现在有钱，不代表将来一定也有钱，中年经商失败的案例比比皆是。如果再看一看近几年直线上升的离婚率，女性可能就更要认清有钱的老公不一定可靠这个真理。据资料统计，结婚时间愈长的夫妻，离婚率也愈高。这也提醒了我们，千万别觉得有了"长期"饭票，就可以高枕无忧。如果不幸失去了"饭票"，年纪愈大，生活上的冲击将更让人难以承受。就算能好聚好散，拿到一笔钱，如果自己没有谋生或理财的能力，还是会面临坐吃山空的窘境。

葛丽丽婚后一年有了儿子，但是婆婆和妈妈身体都不好，无法帮她带孩子，她只好放弃工作，在家做了全职太太。她不出去工作，带孩子的工作却一点不轻松，最要命的是丈夫的态度变化很大，看到家里的事有一点做得不好，就说："真不知道你天天在家做什么？地板那么脏也不知道拖。"他不知道带孩子有多累，一个晚上起来多少次。如果葛丽丽说一句带孩子辛苦，他就会说："那你白天不会等孩子睡了，你再睡？再说谁家的孩子不是这么带大的，就你觉得辛苦？"

好不容易熬到孩子3岁上了幼儿园，葛丽丽想重返工作岗位，却又因为儿子总生病而放弃了。一次儿子病了，在家休息了几天刚刚好转。葛丽丽好几天没有休息好，早上就多睡了一会儿，丈夫就拉着脸说："都几点了，还不起床做早饭？难道还得让我给你做了早饭再去上班吗？"

在婚姻生活中，不管你处于怎样的地位，当你伸手向另一半拿钱时，你们的爱情、婚姻生活就没有快乐可言了。你拿了丈夫的钱，就必定会在某些方面受制于他；当你受制于他时，你就必定要去做一些自己不情愿但必须要去做的事情，那么，不安全感便会充斥于你的生活当中。

何况，在现实社会中，婚姻充满了许多变数，你对婚姻寄予的期望越高，所遭受的伤害就会越重。客观地讲，依靠婚姻已经成了现代社会最不安全的生存方式。

此外，女性在婚姻中所承担的生存风险不仅仅是婚姻破裂后的生活问题，还有更为严重的住房、医疗、养老问题。可以试想一下，如果连温饱和生计都成问题，如何去顾及其他一系列的生存隐患问题？

所以，现代女性应该要变得理性起来，特别是那些有赚钱能力的女性，不要把自己的终身托付给一个男人，而是应该勇敢地从处处受限的温室中走出来，因为唯有经济方面的独立才能让你获得切实的安全感。

当你有了稳定的工作后，自然就有了稳定的收入，购物、贴补娘家都可以理直气壮，不必向男人伸手；有了稳定的工作，就有了自己的生活圈子，志同道合的同事可以转化为朋友。

情商高的女人受欢迎

美女作家陈燕妮被国人熟悉是因为她写了《告诉你一个真美国》、《纽约意识》和《美国之后》等一系列有关华人的畅销书。而在美国，熟悉陈燕妮的人更多的是因为她创办了一份在当地华人世界最畅销的刊物《美洲文汇周刊》。

有一次记者采访陈燕妮，问了她这样一个问题："听说在美国有很多全职太太，她们的生活全部围绕着家庭，相对简单而少有压力，你有没有想过要过这样简单的生活呢？"

"没有，从来没有。"陈燕妮坚决地摇头，"我无法想象向别人伸手要生活费的滋味。我曾经因为工作的转换而在家待了几个月，那段时间太可怕了。除了老公以外，精神没有任何依托，整天在家无所事事。到后来连看老公都有点儿小心翼翼的，现在想想挺可笑。美国的报刊竞争很激烈，我做的事情等于是在和美国的男人们抢饭碗，但我宁愿在社会上拼搏，争夺属于自己的天空，也不愿整天在家洗衣做饭，等老公回家。"

金钱，不管是对男人还是女人来说，都是必不可少的东西。任何一个人，也只有在财务上做到独立，才能称其真正地做到了独立。

有句话说得好："靠山山倒，靠人人跑，靠自己最好。"只有靠自己才是最实在的。特别是对于女人来说，一个女人如果经济上依附于男人，那么她在精神上就很难实现独立。

女人经济独立才能获得真正的独立，才能更快乐地享受生活。许多心理学家都说过，收入决定一个人的自我感觉，而作为女性，随着收入的快速增长，她们的自我感觉也会越来越好。新时代年轻的女性朋友要相信自己的能力，善用年轻的优势，越早实现经济独立，越能够让你在人生道路上不迷失。同时，女性越早建立财富意识，越早投资理财，越能轻易成为快乐的小富婆，就让我们一起努力吧！

第八章　正视弱点：

改变自己，女人需要成长

改变不了环境，就要学会适应环境

有一个人总是落魄不得志，于是向一位智者请教。

智者沉思良久，舀起一瓢水，问道："这水是什么形状？"这个人摇摇头："水哪有什么形状？"智者不答，只是把水倒入杯子，这个人恍然大悟："我知道了，水的形状像杯子。"智者摇头，轻轻端起杯子，把水倒入一个盛满沙土的盆。清清的水便一下子融入沙土，不见了。

这个人陷入了沉默。过了很久，他说："我知道了，环境就像容器，人应该像水一样，盛进什么容器就是什么形状。"

智者点了点头。

任何人都不可能离开环境而生存，在无法改变环境时，只有改变自己，努力去适应环境。英国生物学家达尔文曾经说过："不要期待环境为你而改变，而要争取尽快地改变自己来适应环境。"只要我们还活着，必然面对生存的压力；只要我们想更好地生存，必须成为适应环境的人。外部的生存环境是残酷的，我们只有认清环境，改变自己，才能获得更好的发展。

无论在家庭还是在职场，很多事你努力过，仍然无法改变现状。这时候，你只有改变自己，适应环境。和改变他人相比，改变自己更容易。自己的心态改变了，看待人或事的眼光不一样了，再接受那些原来你认为不可能的事情，就不会觉得困难。从另一个角度讲，很难改变自己思维角度的人，往往也不太可能改变别人。因为他们永远从一个角度出发想问题，碰了几次壁仍不懂改变策略，那么屡屡受挫就在情理之中了。

　　哈佛大学里有一位著名的经济学教授，凡是他教过的学生，很少有顺利拿到学分毕业的。原因出在这位教授平时不苟言笑，教学风格古板，作业既多且难，学生们不是选择逃学，就是浑水摸鱼，宁可拿不到学分，也不愿多听教授讲一句话。但这位教授是美国首屈一指的经济学专家，国内几位有名的财经人才，都是他的得意门生。谁若是想在经济学这个领域内闯出名堂，首先得过了他这一关。

　　一天，教授身边紧跟着一位学生，二人有说有笑，让旁人十分惊讶。后来有人问那名学生："为什么你天天围着那位古板的老教授转？"那位学生回答："你们听过穆罕默德唤山的故事吗？穆罕默德向群众宣称，他可以叫山移到他的面前来，等呼唤了三次之后，山仍然屹立不动，丝毫没有向他靠近半寸，然后穆罕默德说，山既然不过来，那我自己走过去好了。教授就好比是那座山，而我就好比是穆罕默德，既然教授不能提供我想要的学习方式，只好我去适应教授的授课理念。反正，我的目的是学好经济学，是要入宝山取宝，宝山不过来，我当然是自己走过去喽！"

　　后来，这名学生果然出类拔萃，毕业后没几年，就成为金融界了不起的人物，而他的同学，都还停留在原地"唤山"呢！

第八章 正视弱点：改变自己，女人需要成长

人不可能一直生活在让自己感到舒适的环境中，当生存的环境变得越来越恶劣时，我们要懂得改变自己去适应它。如果环境不利于我们，我们还要强行让外界适应我们的话，就可能会付出巨大的代价，而且还不一定能取得成功。所以说，与其试图改变环境，让环境适应自己，不如改变自己去适应环境。

科学技术的飞速发展让现代社会的竞争变得日益激烈。如果我们想在竞争中生存下来，就要学会适应周围的环境，养成良好的适应性，找到适合自己的生存法门。只有这样，才能更好地在这个社会上生存。

一个人要想获得幸福的人生，就一定要有适应环境的能力。生活中，我们每个人都会遭遇恶劣的环境，既然我们没有办法改变环境，何不试着去适应呢？这是一个适者生存的时代，只有学会适应社会环境，个人才能生存和发展。要知道，一个人不可能总是生活在同一个环境中，即使是生活在同一个环境中，环境也会时常发生变化，如果不会适应环境的变化或者适应不了新环境，只能被淘汰或一败涂地。

适应环境既是一种时代的需求，也是一种艺术。我们只有与现实环境保持良好的接触，以客观的态度面对现实，随时调整自己，保持良好的状态，才会获得最大的快乐和幸福。情商高的女人并不是碰不到问题，而是不会被问题难倒。面对各种难题，她们都能进行理性的分析，并做出正确的决定。之所以如此，是因为她们有很强的适应能力，能够尽快调整好心情，使自己始终保持积极的状态。

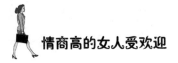

你是一个爱慕虚荣的女人吗

虚荣心是人类一种常见的心理状态，无论古今中外，无论男女老少，贫穷者有之，富贵者亦有之。它深藏在人的心灵深处，是一种肮脏的污垢，是一个需要摘除的毒瘤。心理学认为，虚荣心是自尊心的过分表现，是为了取得荣誉和引起普遍注意而表现出来的一种不正常的社会情感。

虚荣心男女都有，但总的说来，女人的虚荣心比男人强。因此，虚荣心带给女人的痛苦比男人大得多。虚荣心是会递增的，好像一个被吹起来的气球一样，总是越来越大。人的虚荣心是无限的，俗话说"做了皇帝还想成仙"，满足了一个愿望，随之又产生了新的愿望；满足了某个小的愿望，很快又新生了更大的愿望。由此可见，虚荣心和人的欲望是分不开的。求之得之，则满足快乐；求之不得，便苦恼愁闷。

受虚荣心驱使的女人，只追求表面上的荣耀，不顾实际条件去求得虚假的荣誉。有人说虚荣心是一种扭曲的自尊心，死要面子、打肿脸充胖子，这是对虚荣心的生动描述。

虚荣常常给人带来伤害。轻者，累及一时；重者，痛苦一生。太爱慕虚荣，不是自己为自己增光，而是自己给自己添堵。

在虚荣心的驱使下，人往往只追求面子上的好看，不顾现实的条件，最后害了自己。因此，虚荣心是要不得的，应当把它克服掉。

做人起码要诚实、直正，绝不能为了一时的心理满足，不惜牺牲自己的人格。有的女人为了满足物质的追求，拿感情做交易，是不可取的。只有把握住自尊与自重，才不至于在外界的干扰下失去人格。

其实，一个人的需要应当与自己的现实情况相符合。如果通过不适当的手段来满足欲望，就会产生虚荣心。有人说虚荣心是一种歪曲了的自尊心，这是有一定道理的。

芳的丈夫在一所小学教书，挣的钱虽然不多，但是脾气特别好，做什么事都让着她。在婚后的一年里，他们出现了一些经济上的问题。那时，芳所在的工厂效益不好，而芳的丈夫的工资也很低，家里的生活很寒酸，芳自己也没几件像样的衣服。看着别的姐妹嫁了有钱的丈夫，天天穿金戴银，芳心里就特别不好受。那次她过生日，丈夫一件礼物都没买给她，芳当时气极了，跟他大吵了一架，骂他没本事、窝囊、不会挣钱、不懂得爱妻子。他听了她的抱怨后，一句话也不说，只是唉声叹气，坐在沙发上默默地一根接一根地吸着烟。

之后，芳是越看丈夫越不顺眼，经常为了一些鸡毛蒜皮的小事和他争吵。但每次吵过后，都是他在对她说对不起，无论她怎样无理取闹。可有时芳实在是太过分了，说出一些难听的话伤了他的自尊，丈夫虽然很生气，想出手打她，可最终还是舍不得下手，在他最愤怒的时候也只是用拳头敲打墙壁或者是长时间地沉默。

他们就这样平静地过了两年，日子久了，芳越来越感到生活乏味。他从来没给她买过一件像样的礼物，虽然口口声声说爱着她，可芳已经厌烦了这种爱情，甚至有时根本就不相信他的爱，只觉得他窝囊，不会赚钱。和他生活在一起，芳感到太累了。

就在那时，一个有钱的男人辉走进了她的生活。那男人天天夸她长得漂亮，在她面前说尽了甜言蜜语，并且不停地给她买各式各样的漂亮衣服、高贵的首饰、各种高档的化妆品和香水，要她嫁给他。面对这个如此有钱的浪漫男人，虽然他比自己大了十岁，芳还是不加考虑地就投入了辉的怀抱。

一切都顺理成章，芳和丈夫离婚了。那真是一个少见的老实男人，面对她的移情别恋和冷酷，他还是没有舍得骂她，只留下一句话："你要好好保重自己，我希望你幸福。"当时的芳听了也并没有感动，头也不回就走了。她以为离开了那个没本事的男人，嫁给有钱的辉，才是她的明智选择。

辉的确很有本事，他给她吃好的、穿好的，可唯独就是少了那一份怜爱。他每天陪她的时间少得可怜，芳感到很孤独，免不了要生气，但这个有钱的男人却从不在乎她的感受，认为反正已经得到她了。

一次，芳终于忍受不了辉的冷落，和他吵了起来，可能是她的喋喋不休和数落惹火了辉，他毫不留情地动手打了她，之后扬长而去……

后来，这样的事重演了好几次，她常常以泪洗面。芳想起自己的前夫，想起他的好。到了这时，她才知道前夫以前的温柔和爱是多么的珍贵。可她把他的容忍和沉默看成窝囊，她伤害了他，也害了自己。

芳再也不想和那个虚伪的男人一起生活下去了，他们终于离婚了。可是，当芳回到之前的家里时，看到的却是前夫在温柔地帮另一个女人梳理着头发。那一刻，芳泪流满面。

一个正常的女性多少都会有虚荣心，在情感道路上，找个有钱男人当然不错，但要以男人真心爱你为前提。如果把金钱和物质作为择偶的标准，是难以得到真正的爱情的。过于注重外在条件，为满足自己的虚荣心，往往会得不偿失。

虚荣心强的人往往是华而不实的浮躁之人。法国哲学家柏格森说："一切恶行都围绕虚荣心而生，都不过是满足虚荣心的手段。"他的话虽然未必全对，但至少反映了相当一部分生活的真实。过度追求虚荣给女人带来的麻烦和苦恼是大家有目共睹的，所以，女人一定不要成为虚荣的奴隶。

那么，女人应该如何克服虚荣心呢？

1．树立正确的人生观

一个女人的价值如何，不在于她的自我感觉，而在于她行为的社会意义。女人只要树立正确的人生观，具有远大的人生目标，就不会为荣誉、地位和一时的虚荣所迷惑，而是为更高的价值不懈努力。

2．克服自私心理和自我表现欲

虚荣的女人过于关注自己，很少考虑别人的感受和评价，有较强的自我表现欲。只要有表现自己的机会，她们都不会放过，争强好胜、不计后果，这是一种自私心理的表现。所以，要克服虚荣心，女人还要克服自私心理和自我表现欲。

3．不攀比

总是跟他人比较，自己的心理永远都无法平衡，会使虚荣心越发强烈，如果一定要比，跟自己的过去比，看看各方面有没有进步。

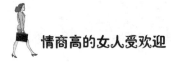

无论和谁约会，都不要迟到

4.正确对待舆论

女人生活在社会中，免不了要接受别人的品头论足。但对于舆论，女人要提高辨别是非的能力，对于正确的应当接受，对于不正确的要给予纠正或分析判断，绝不可凡事人云亦云，被舆论所左右。

人们常说："时间就是金钱，时间就是生命。"时间的重要性不言而喻。既然时间如此宝贵，那么守时就显得更加重要。德国民间流传着这么一句话："准时是帝王的礼貌。"

所谓守时，就是遵守时间，履行承诺，答应别人的事情就要在规定的时间内完成。守时不是一件小事，守时不仅是自身素质的一种体现，也是对他人的尊重和负责，体现了一种积极的人生态度。如果你对别人不守时，你也不能期望别人守时。

周涛经常吃女友冯笛不守时的苦头。有一次，周涛约冯笛早上9点出来喝茶，可等了半个小时，冯笛还没来。他不知道此时的冯笛还在床上赖着呢。快10点了，周涛打电话询问，冯笛明明还在洗漱，却说自己快到了，还说了几句对交通状况不满的话，但周涛听着手机里传出的流水声，早就猜出了女友还在家里洗漱，这弄得周涛哭笑不得。

还有一次，冯笛更过分，整整迟到了两个小时。周涛越等越气，一个劲儿地抽烟。由于烦躁，烟头没丢进垃圾箱，烧坏了门口的地垫，惹来保安找他的麻烦。后来周涛才知道，冯笛化妆花了很多时间，出门时又想起许多事，拖拖拉拉出不了门，还总是振振有词。有了多次这样的经历后，周涛终于受不了了，提出了分手。

不守时的人浪费的不仅仅是自己的时间和生命，同时也在消耗别人的时间和生命。守时是尊重别人，也是尊重自己。重视别人的时间相当于重视别人的人格、权利，重视自己的时间则无疑是珍惜自己的生命。因此，守时的人更容易获得他人的尊重。

很多女性朋友都会有这样的心理：迟到几分钟，让别人等会儿，才能体现出自己的重要性。但是别人会这么想吗？难道早到的人就不重要了吗？不能严格地遵守时间，是对你个人信誉和形象的严重破坏。所以，不要以工作忙、堵车、出门太晚为由迟到，因为这些都是可以避免的，更不要故意迟到。守时是一种正确的人生态度，有时因为迟到，可能会让你坐失良机。

袁丽娜大学毕业后，到一家外资企业应聘。初试是笔试，笔试的题目是英文的，袁丽娜凭着自己良好的英语水平和专业知识，很快答完了试卷，展现了自己的能力。当天，公司人事主管便通知她次日参加面试，经过半个小时的交流后，人事主管对袁丽娜的印象特别好，认为她不仅学习成绩好，表达能力也很强。袁丽娜也了解到，她应聘的岗位，每个月基本工资5000元，每个季度还有效益奖，单位不仅缴纳各项社会保险，还补贴食宿。这让她很开心。

情商高的女人受欢迎

　　每个新员工入职前，外籍总经理都会亲自见一面，其实就是在工作上提一些要求，说些鼓励的话。然而这个走过场的面试，袁丽娜却迟到了，约好的是上午9点见面，袁丽娜到的时候已经是9点半了。总经理在8点50分就到了会议室，等到9点15分就离开了，临走时让人事主管通知袁丽娜不用过来了。袁丽娜接到电话，还是赶了过来，可为时已晚，总经理的态度很坚决。

　　守时是尊重别人，也是尊重自己。守时的习惯代表你对自己有控制能力。如果一个人连平常的小事都没有办法守时的话，那他做什么事情都难以如期完成。一个守时的人一定是一个懂得珍惜时间的人，不仅仅要注意不浪费自己的时间，也要时时注意不能够白白浪费别人的时间。管理好自己的时间，就是让自己无论在做什么事的时候都能够轻松应对、游刃有余。一个守时的人，必将获得别人的尊重，也必将赢得自己的成功。

　　守时是对别人的一种尊重，体现了自己的信誉，是一种于细节中的美德。它不仅体现出一个人对人、对事的态度，更体现出一个人的道德修养。守时的人，会给对方留下良好的印象，从而为自己赢得更多的朋友。不遵守时间的人，在浪费自己和别人宝贵时间的同时，也会失去朋友。有谁愿意和一个不懂得珍惜时间、不懂得尊重他人的人做朋友呢？不守时只是一个表象，深层次的原因源于对时间的轻视和对别人的漠视，所以说，守时不单单是礼貌问题，更是人格问题。

　　守时是现代交际中彼此尊重的一个重要体现，是一个社会人需要遵守的最起码的礼仪之一。守时，对女人来说是一种好习惯，在与他人的交往中是一种礼貌和信用。守时与否体现了一个女人的教养和基本素质，不可忽视。

嫉妒是一种无能的表现

"羡慕嫉妒恨"是近年来的网络流行语，它刻画了嫉妒的生长轨迹：始于羡慕终于恨。对一个人来说，被人嫉妒等于领受了嫉妒者最真诚的恭维，有一种精神上的优越和快感。而嫉妒别人，则或多或少透露出自己的自卑、懊恼、羞愧和不甘。嫉恨能人和强者，不会有任何好结果。

在这个世界上，让我们觉得可怕的东西有很多，但有人说最可怕的东西就是女人的嫉妒心。你也许会问，嫉妒之心并非是女人的专利，任何一个凡夫俗子都难免有嫉妒别人的时候，为什么单说女人的嫉妒心如此可怕呢？

这是因为女人天性敏感，看到别人比自己强或在某些地方超过了自己，心里就萌生了醋意。而嫉妒心太强的女人不能容忍别人超过自己，害怕别人得到她所无法得到的名誉、地位，或其他一切她认为很好的东西。在她们看来，自己办不到的事最好别人也办不成，自己得不到的东西别人也休想得到。

女人就是因为嫉妒，才将自己打入了心灵的地狱中，一直忍受着内心的折磨，但最终却一无所得。

无数事实证明，嫉妒者无不以害人为开端，以害己而告终。从表面上看，嫉妒是对别人的不满，可是细细剖析一下，不难看出它多半是因为自己的需求得不到满足而发泄出来的一种不良情绪，是一种由于自卑而引起心理失衡的反映。嫉妒别人漂亮，就是自己的容貌没有得到别人的喜爱；嫉妒别人成绩好，就是自己的成绩不如别人。看到自己与别人的差距，又不愿意承认这种差距，于是嫉妒心理就滋生出来了。

嫉妒是一种阻碍事业发展、影响生活和工作的情绪。其特征是害怕别人超过自己，嫉恨他人比自己强，将别人的优越处看作对自己的威胁。于是，便借助贬低、诽谤他人等手段，来摆脱心中的恐惧和嫉恨，以求心理安慰。同时它也会使人变得消沉或是充满仇恨，如此一来他离成功也越来越远。

王蕊是一个来自农村的女孩。三年前，她以优异的成绩考取了某著名学府，这让她从此有了出人头地的机会。她是一个热情大方、乐于助人的女孩子，因此同学和老师都十分喜欢她。

可她并没有就这样积极地与人相处下去，在与同学的不断交往中她产生了严重的不平衡心理。只要别的同学哪方面比她强，她就眼红；只要老师在同学面前表扬别的同学，她心里就酸溜溜的。她总是抱怨自己生在一个并不富裕的家庭，看到别的同学衣食无忧就很不平衡；别的同学得了奖学金或评为"三好学生"，她就嫉妒得夜里辗转反侧无法安睡，时常抱怨上天的不公。

最让她看不惯的是与她来自同一所高中的一位同学。原来两个人在高中时各方面不相上下，上大学后，那位同学的成绩越来越好，而且被选上了班干部，她妒火中烧。为此，散布流言蜚语、造谣中伤别人，成了她人生的头等大事。在选举学生会干部时，她为了把那位同学比下去，竟然在下面做小动作——拉选票，结果她的"阴谋"被同学们识破，唱票时发现只有她自己投了自己一票，搞得十分狼狈，同学们也越来越讨厌她。

但她并没有就此收手，已经被嫉妒冲昏了头脑的她，一计不成又生一计。在期末考试中，她知道凭自己的水平是拿不了高分的，于是，她就采取夹带纸条的方法作弊。在头两门考试中，她的计谋得逞了。正当她自鸣得意、觉得胜利在望的时候，却在第三门考试中被监考老师抓个正着。老师说："我早就注意到你了，以为你会有所收敛，没想到你一而再、再而三地作弊。我再也不能容忍你的所作所为了。"王蕊痛哭流涕，求监考老师手下留情，可是学校的制度是无情的。当天，学校教务处就做出了开除其学籍的决定。

王蕊的结局是令人痛心的。大学是多少青年人梦寐以求的地方，可是王蕊的大学梦就这样被自己毁了。造成这个结局的罪魁祸首是谁呢？不言而喻，那便是嫉妒。

嫉妒是万恶之源，是美德的窃贼。越是嫉妒别人，就越容易消磨自己的斗志和锐气，越会陷入无止境的痛苦，使自己的人生之舟搁浅在嫉贤妒能的浅滩上。

英国哲学家培根说："每一个沉浸在自己事业中的人，都是没有工夫去嫉妒别人的。"换言之，凡是产生嫉妒心理和行为的人，都是没有把心思"沉浸在自己事业中的人"。

嫉妒产生的原因，大多是由于自知比不上别人，这本身就是一个转变的契机。"知耻近乎勇"，知道自己的不足，努力加以弥补，这才是积极的态度。但如果人与人之间由于嫉妒而你整我，我整你，冤冤相报，何时能了？而且，喜欢嫉妒别人的人自己的日子也不好过。每天嫉妒别人，自己心里也烦恼，总是觉得别人比自己高明，对此又不甘心，总想算计别人。

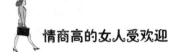

在生活中，当你发现你正隐隐地嫉妒一个各方面都比自己能干的人的时候，你不妨反省一下自己是否在某些方面有所欠缺。在你得出明确的结论后，你会受到启示。你不妨用嫉妒心理刺激自己发奋努力，以此增强竞争的信心。这样，不但可以克服自己的嫉妒心理，而且可使自己免受或少受嫉妒的伤害，不仅可以取得事业上的成功，又可以感受到生活的愉悦。

与人攀比，只会拉开你与幸福的距离

《牛津格言》中说："如果我们仅仅想获得幸福，那很容易实现。但我们希望比别人更幸福，就会感到很难实现，因为我们对于别人的幸福的想象总是超过实际的情形。"的确如此，攀比总是伴随着抱怨，使我们的心灵无法趋于平静。攀比是无止境的，如果永远都抱着攀比的心态生活下去，那么每天的生活都将处在水深火热之中。攀比有时就像一把利剑，刺向自己心灵的深处，而且攀比对人对己都十分不利，最终伤害的只有自己。

有一个故事，说的是一个人遇到了熟人，就对熟人说："您恐怕没有好日子过了。"

那个熟人问为什么，这个人答道："昨天我太太买了一件貂皮大衣。"

"那又怎么样？"

"您不知道，今晚她要穿着去您太太那里！"

这个故事巧妙而含蓄地将女人的攀比心理表现得淋漓尽致。爱攀比是女人的一种天性。同为女性，有的人锦衣玉食，有的人麻布葛衣、粗茶淡饭；有的人趾高气扬却集三千宠爱于一身，有的人低眉顺眼还得不到男人的正眼相看……一样的生命却有不一样的生活，由不得人的心中生出许多感慨。

当然世界少不了攀比，而且从一定意义上说，攀比还是人类进步的一种动力。一个人想在社会上拥有自己的位置，并不断超越自我，必须选定一个参照物。但是，我们提倡的是理性的比较，而不是盲目的比较。我们可以不知足，但是不能盲目攀比。否则就会失去自我和特色，到头来只能是徒增烦恼。

一天，一个面容憔悴的女人走进了一家心理诊所。一进门她就喋喋不休地说自己如何不幸，丈夫离她而去，工作也搞得一塌糊涂，刚刚上中学的孩子也不愿回家陪陪她，又因炒股而欠了一大笔债……总之，与别的女人相比，她要活不下去了。

心理医生问她："你丈夫为什么离开你？"

"我说过邻居家小张很能干，又开了一家餐厅，而且生意好得不得了，而相比之下，我丈夫是个笨蛋，连一个蛋糕房都弄不好，还要赔本。"

"你孩子们怎么样呢？"

"他们更可恶，每次考试都是60多分，害得我每次家长会都很没面子。"

"那你为什么要炒股？"心理医生继续问道。

"那是因为邻居张太太炒股赚了一大笔，她的那个奥迪A8就是炒股赚的，她行，为什么我不行？"

心理医生问完这些问题后，并没有说什么，而是给她讲了一个有关乡下老鼠和城市老鼠的故事。

城市老鼠和乡下老鼠是好朋友。有一天，乡下老鼠写了一封信给城市老鼠，邀请它到家里来玩。城市老鼠接到信后，高兴得不得了，立刻动身前往乡下。到了乡下，乡下老鼠拿出很多玉米和小麦，放在城市老鼠面前，城市老鼠不以为然地说："你怎么能够老是过这种清贫的生活呢？还是到我家玩吧，我会好好招待你的。"

于是，乡下老鼠就跟着城市老鼠进城了。乡下老鼠看到那么多豪华干净的房子，非常羡慕，想到自己在乡下从早到晚，都在农田上奔跑，以玉米和小麦为食物，冬天要不停地在那寒冷的雪地上搜集粮食，夏天累得满身大汗，和城市老鼠比起来，自己实在太不幸了。

它们在一起玩儿了一会儿，就爬到餐桌上开始享受美味的食物。突然，"咚"的一声，门开了，有人走了进来，它们吓了一跳，飞也似的躲进墙角的洞里。乡下老鼠对城市老鼠说："乡下平静的生活，还是比较适合我。这里虽然有豪华的房子和美味的食物，但每天都紧张兮兮的，倒不如回乡下吃玉米过得快活。"说罢，乡下老鼠就离开都市回乡下去了。

听完了这个故事，那位太太问心理医生："你的意思是说，我就什么都不去想，什么都不去做，任生活就这样糟糕下去吗？"

"当然不是，你应该在发火前，多想想这样的故事，然后再想别的办法去解决你面临的问题，记住，我是说真正的问题，而不是在与别人比较出来那些所谓的问题。"

听了心理医生的解释，这个女人终于明白了心理医生的意思，她的脸上露出愉快的神色。

女人一生最悲哀的事情就是拿自己的处境和别人做比较。攀比不是罪过，但攀比心太强必然导致烦恼丛生。跟在别人后面亦步亦趋，在越来越让人眼花缭乱的欲望面前患得患失，将永远也体会不到人生最值得珍视的内心的和平。

攀比源于对自己、对现状的不满，鲁迅说："不满是向上的车轮。"有追求、有梦想是好事。但是，这不等同于盲目攀比。现在，有很多人不断地去寻找、探索、追求幸福感，但都没有结果。心理学家认为，幸福与否主要是期望的反映，在很多情况下，是跟别人攀比造成了幸福感的缺失。感受不到幸福是因为对幸福的期望太高，设定的条件太苛刻，无法激发、启动对幸福感知的神经，甚至是对幸福的感觉反应迟钝，所以有些人常常会不开心，感受不到幸福。

　　陈颖出生在农村，从小家庭生活贫困，连高中都是靠她在假期打工和亲朋的资助才能读完，读大学的时候更是同时兼了三份勤工俭学的工作。不过大学毕业之后，她找到了一份不错的工作，几年后，她买了一套小房子，还贷款买了一辆车，上下班再也不用挤公交车，节假日还可开着车外出兜风游玩，惬意极了。

　　本来，对于一个出身贫寒的女人来说，这样的生活应该可以让她满足了。但是一次大学同学聚会改变了陈颖的生活。在聚会上，让陈颖感到意外的是，她的几个同窗好友不知怎么这么幸运，居然收入都比她高。她曾经的闺中密友小颜嫁了个地产商，钱多得用不完。了解到她们的情况后，陈颖心里感到很失落。看自己的工作，也觉得越来越不如意了。她认为自己的工作最辛苦，挣的钱最少。有些老员工水平不高，但是他们的薪水都比她还高，以前她还没意识到这个问题。

现在她是吃饭不香，工作没劲，睡不着觉，她感觉自己的生活越来越没意思了。

这完全是盲目攀比的心理在作怪。人们越来越富有，但并不觉得幸福的部分原因就是老是拿自己与那些物质条件更好的人比。

攀比之心，人皆有之。但如果只是盲目攀比，只能会给自己带来不必要的烦恼。俗话说"人比人，气死人"。无论在什么场合，有的人总喜欢攀比，这样的人无论怎么富有，生活总是痛苦的，这样的人痛苦的原因在于太爱攀比。

其实，如果你真的要攀比，有一件非常简单的事你能做：那就是与那些不如你的人，比你更穷、房子更小、车子更破的人相比，你的幸福感就会增加。可问题是，许多人总是做相反的事，他们老在与比他们强的人比，就会产生很大的挫折感，会焦虑，觉得自己不幸福。所以，我们要学会知足。无论贫或富，我们都不必和别人攀比，不必奢求荣华富贵、锦衣玉食。只要过好自己的日子，感悟生活的真谛，享受生活带来的快乐，我们就会感到无比的幸福。

总之，现代女性应该学会正视自己，学会自我开解。只要退一步，你就会发现，生活中的很多事情其实并不需要太在意。真正需要我们在意的，是怎么才能及早消除盲目攀比、自我折磨的心理。

炫耀是肤浅的表现

爱炫耀似乎是女人的天性。生活中，经常会有这样的女人，她们喜欢喋喋不休，总在到处炫耀自己，炫耀自己的工作，炫耀自己的学历，炫耀自己的追求者众多，炫耀老公多么有本事，炫耀自己的容貌、出身、背景……其实，只要稍有社会阅历的人，都会对此嗤之以鼻。炫耀是肤浅的表现，话说得越多，越容易出错。

婚后不久，李女士的丈夫被调到某市工作，李女士也跟着丈夫搬去某市住。两人还没有孩子，丈夫每天早出晚归忙工作，寂寞的李女士打心眼儿里渴望能多交几个朋友。她想，如果在别人面前表现得窝窝囊囊、撑不起台面，一定会有人看不起自己。看不起你，人家怎么会愿意和你交往呢？你的人缘怎么会好呢？于是在社区活动中心，李女士就开始和几个刚相识的朋友炫耀起来，说她的老公在总公司表现突出，所以被派到这个市来主持分部的工作；她的儿子毕业于某某理工大学，现在在上海当工程师，月薪1万元；她的女儿毕业于某某师范大学，在深圳某重点中学当老师，衣服都去香港买；她家新买的房子是三居室的，光装修就花了八万元；她本来也想找份工作的，可丈夫觉得家里不缺钱，何必在外面奔波。总而言之，她永远都是最棒的，她的一切都比人强。渐渐地很多人都知道了这位富有的李女士，

情商高的女人受欢迎

李女士也积极参加社区的各种活动，和别人拉关系。奇怪的是，别人对她总是冷冷淡淡的，没有一点亲近感，连最初和她联系的几个朋友也慢慢地和她疏远了。李女士非常苦恼，这究竟是为什么呢？

李女士以为在自己脸上贴点金，凸显自己的重要性，就可以让别人对自己产生好感，有个好人缘。她的这种想法真是一厢情愿，事实恰好相反，是她的炫耀吓退了那些想跟她交朋友的人。生活中，像李女士这样的女人确实有不少，她们整天忙着炫耀自己，随时都要挑起一场竞赛，结果无论她们走到哪里都会引起别人的憎恶、厌烦。所以，如果你想获得好人缘，拥有更多的朋友，记住千万不要在人前炫耀自己，你的炫耀只会让别人对你产生戒备和隔阂。

有句西方谚语说："雄辩是银，沉默是金。"在与人相处中，这句话就更有用处了。很多时候，多说无益，爱炫耀的女人只会招人讨厌。

有一位女士，她的女儿从剑桥大学毕业回国之后，在香港一家金融机构任职，每月有数万港元的薪水。这位女士非常自豪，她面对亲朋好友时，总是称赞女儿，吹嘘女儿的薪水有多高。慢慢地，她发现亲朋好友都在疏远她，不愿和她交往了。她非常痛苦。女儿知道这种情况后，就极力劝导母亲，说总夸自己的女儿，突出自家好，人家当然不会理你了。女儿的话入情入理。

有一句这样的格言："流星一旦在灿烂的星空开始炫耀自己光亮的时候，也就结束了自己的一切。"所以，不要在别人面前炫耀你的得意，没人愿意听这样的消息，如果正好有生活不顺的朋友在场，你的炫耀更是雪上加霜。即使大家的心情都很好，如果你只顾炫耀自己的得意事，不给别人谈论的机会，也会招人反感。聪明的女人会将自己的得意放在心里，而不是放在嘴上，更不会把它当作炫耀的资本。

女人炫耀无非是想从别人的赞扬声中获得自我的肯定，但炫耀很少能有好结果，除了招来别人的白眼和妒忌之外，有时还会带来阻挠和暗算。

兰兰在公司工作已经三年了，和自己一起来的同事们差不多都升职了，她却还在原地踏步。想想自己在工作上的表现也不错，上司交代的任务都能按时做好，从来没出过任何大的差错，怎么上司对她的态度总是不冷不热呢？

问题还是出在兰兰自己身上，因为老板发现兰兰有一个毛病——她一旦做出了一点成绩，就爱在其他同事面前炫耀。有一次兰兰非常出色地完成了老板交给她的任务，在和其他同事相处的时候，她就一个劲地炫耀自己的才干，一脸的得意之情。旁边没一个人搭理她。

在做年终总结时，兰兰用了一大半的篇幅来阐述自己所取得的成绩以及所付出的努力。那些大家一起完成的工作也尽量只凸显自己的重要性，根本不把别人的付出放在眼里。

上司看在眼里，记在心上。上司不欣赏这种什么事都爱炫耀的人，所以，兰兰久久不能升职。

女人爱炫耀，本来无须过多追究，但在工作中，我们一定要压制自己爱炫耀的个性。要知道一个真正有吸引力的人，绝不会刻意炫耀自己，因为真正的闪光点是不需要自己评说的，你是好是坏，别人都看在眼里。

真正有内涵的人从不炫耀，因为就算她们不说，别人也知道她们的实力。亦舒曾说过："真正有气质的淑女，从不炫耀她所拥有的一切，她不

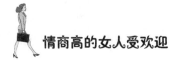

告诉人她读过什么书，去过什么地方，有多少件衣服，买过什么珠宝。"
因为她没有自卑感。

幸福的生活要靠自己争取

悲观与任性有时是联系在一起的。生活中，常有一些任性的女人，她们固执己见，爱发脾气，将自己局限在一个封闭的小环境中，对未来和生活往往持有一种悲观的迷茫的心理。她们对自己的过去，无论辉煌与否，都一概加以否定，心里充满了自责与痛苦，有说不完的遗憾和悔恨。这些悲观的女人对未来缺乏信心，认为自己一无是处，什么事都做不好，认知上否定了自己的优势与能力，无限放大自己的缺陷。她们总盯着黑暗，自然看不到光明的世界，终日被烦恼所困扰，感受不到幸福的存在。

20世纪著名女作家张爱玲的一生完整地诠释了悲观给人带来的负面影响是多么巨大。张爱玲一生聚集了一大堆矛盾，她是一个善于将艺术生活化、将生活艺术化的享乐主义者，又是一个对生活充满悲剧感的人；她是名门之后、贵族小姐，却宣称自己是一个自食其力的小市民；她悲天悯人，时时洞见芸芸众生"可笑"背后的"可怜"，但在实际生活中却显得冷漠寡情；她通达人情世故，但她自己无论待人接物均是我行我素，独标孤高。她在文章里同读者拉家常，却在生活中始终保持着距离，不让外人窥测她的内心；她在20世纪40年代的上海大红大紫，一时无二，然而几十年后，她在美国又深居简出，过着与世隔绝的生活。所以，有人说："只有张爱玲才可以同时承受灿烂夺目的喧闹与极度的孤寂。"这种生活态度的确不是普通人能够承受或者理解的，但用现代心理学的眼光看，其实张爱玲的这种生活态度源于她始终抱着一种悲观的心态生活，这种悲观的心态让她无法真正地深入生活，因此她总在两种生活状态里不停地徘徊。

张爱玲悲观苍凉的感情基调，深深地沉积在她的作品中，无处不在，产生了巨大而独特的艺术魅力。但无论作家用怎样的文字，写出怎样可笑或传奇的故事，终不免露出悲音。那种渗透着个人身世之感的悲剧意识，使她能与时代生活中的悲剧氛围相通，从而在更广阔的历史背景上臻于深广。

张爱玲所拥有的深刻的悲剧意识，并没有把她引向西方现代派文学那种对人生彻底绝望的境界。个人气质和文化底蕴最终决定了她只能回到传统文化的意境，且不免自伤自怜，因此在生活中，她时而沉浸在世俗的喧嚣中，时而又沉浸在极度的寂寞中，最后孤独地死去。

张爱玲的悲剧人生让我们看到了悲观对一个人的戕害是多么惨重，女人要追求幸福的生活，就要让自己的心灵从悲观的冰河里泅渡出来。

悲观是一种恶习，虽然只是人的一种态度、一种心理的活动，但是，它会结出不幸的果实。人们常说，女人心，海底针。这不仅是说女人的心思难以琢磨，更表明女人的心态错综复杂。很多女人的心态呈现两极化的状态，或者悲观至极，认为人人都和自己作对，自己再怎么努力也不可能有好的转变；或者整日乐天派，觉得生活一片欣欣向荣，好运会接二连三地光顾自己。女人都希望自己是个乐观的人，每天能开怀大笑，并感染身边的人，给他们带去一份好心情，然而，很多事情却总不会尽如人意，能否让自己拥有好心情，更多的是看你怎样看待发生的事情。

　　一位年轻的少妇因为对生活失去信心想投河自尽，被一位年老的船夫救起。

　　船夫问少妇："你这么年轻，今后的路还长，为何自寻短见？"

　　少妇流着泪说："我实在太不幸了，刚结婚两年，丈夫狠心抛弃我；本想和唯一的孩子相依为命，可前不久孩子病死了。你说我活着还有什么意思？"

　　听了少妇的哭诉，船夫又问："结婚前你的日子过得如何？"

　　回想往事，少妇脸上露出了一丝微笑。她说："结婚前我无忧无虑，过得很快乐！"

　　"那时你有丈夫和孩子吗？"

　　"当然没有！"

　　"既然如此，你又何必如此悲伤？现在的你不过是被命运之船送回了从前罢了！"

　　人生充满了选择，而生活的态度决定一切。相同的世界在不同的人眼中是不同的，有时甚至是截然相反的。心态不同，对同样事物的认识就不同。你用什么样的态度对待你的人生，生活就会以什么样的态度来待你。你消极悲观，生命便会暗淡；你积极向上，生活就会给你许多快乐。其实，好也罢，坏也罢，只要你善于换一个角度看问题，别老盯着自己的痛处，烦恼就会烟消云散。

　　德国哲学家尼采曾说："受苦的人，没有悲观的权力；失明时，没有怕黑的权力；战场上，只有不怕死的战士才能取得胜利；也只有受苦而不悲观的人，才能克服困难，脱离困境。"人活着就是为了生活得更快乐、更幸福，而幸福的生活要靠自己努力争取。人生在世，谁都难免会伤心和痛苦，但这才是生活的本色，我们要勇敢而乐观地面对它。